压力隧洞
无粘结预应力混凝土衬砌

李晓克 陈震 赵洋 赵顺波 著

中国水利水电出版社
www.waterpub.com.cn
·北京·

内 容 提 要

本书为国家重点水利建设工程关键技术科研项目和河南省青年骨干教师资助计划研究成果，总结了辽宁省大伙房水库输水（二期）工程隧洞衬砌预应力混凝土设计分析、隧洞预应力混凝土衬砌试验段测试研究、隧洞预应力混凝土衬砌优化设计和性能评价与抗震性能分析成果，呈现了环形高效无粘结预应力混凝土技术工程应用的又一成功案例，可为今后同类工程设计应用提供有益参考。

本书可作为在校研究生和工程技术人员学习现代预应力混凝土技术的参考用书。

图书在版编目（CIP）数据

压力隧洞无粘结预应力混凝土衬砌 ／ 李晓克等著
. -- 北京：中国水利水电出版社，2019.8
ISBN 978-7-5170-7860-9

Ⅰ．①压… Ⅱ．①李… Ⅲ．①水工隧洞－压力隧洞－
预应力混凝土－混凝土衬砌 Ⅳ．①TV672

中国版本图书馆CIP数据核字(2019)第150126号

书　　　名	**压力隧洞无粘结预应力混凝土衬砌** YALI SUIDONG WUNIANJIE YUYINGLI HUNNINGTU CHENQI
作　　　者	李晓克　陈震　赵洋　赵顺波　著
出 版 发 行	中国水利水电出版社 （北京市海淀区玉渊潭南路1号D座　100038） 网址：www. waterpub. com. cn E - mail：sales@waterpub. com. cn 电话：(010) 68367658（营销中心）
经　　　售	北京科水图书销售中心（零售） 电话：(010) 88383994、63202643、68545874 全国各地新华书店和相关出版物销售网点
排　　　版	中国水利水电出版社微机排版中心
印　　　刷	北京瑞斯通印务发展有限公司
规　　　格	184mm×260mm　16开本　11.5印张　280千字
版　　　次	2019年8月第1版　2019年8月第1次印刷
印　　　数	001—500册
定　　　价	**42.00元**

前言

　　随着科学研究的深入开展和工程实践经验的积累总结，环形高效预应力混凝土技术逐渐趋于成熟。华北水利水电大学赵顺波教授曾于 2008 年参与编著了《环形高效预应力混凝土技术与工程应用》（科学出版社）一书，系统地阐述了以高强低松弛预应力钢筋对管形断面结构混凝土施加环向预压应力为标志的环形高效预应力混凝土的基本概念、环形预应力的作用机理、预应力技术体系、预应力张拉锚固支撑方式和构造要求以及结构设计原则等，总结了环形高效预应力混凝土的材料和设备（混凝土、预应力钢筋、锚具及其防护、孔道成型材料及灌浆技术、预应力张拉设备和变角张拉工艺等），给出了预应力钢筋的张拉控制应力、预应力损失和有效预应力计算、预应力筋张拉伸长值计算、环形高效预应力混凝土结构在预应力张拉施工阶段的应力控制验算、正常使用应力控制验算和极限承载力设计的一般方法以及结构耐久性设计和构造措施，结合东江-深圳供水改造工程实践阐述了浅埋式预应力混凝土压力管道结构设计方法与施工技术，结合黄河小浪底水利枢纽工程排沙洞预应力混凝土衬砌工程实践介绍了该工程现场仿真模型试验和洞内试验段实测分析成果和压力隧洞高效预应力混凝土衬砌的设计方法与施工技术，结合三峡水利枢纽工程坝后背管科研课题研究成果介绍了钢衬-高效预应力混凝土压力管道的受力计算方法，结合郑州市污水处理工程建设实践介绍了城市污水处理构筑物环形高效预应力混凝土结构设计方法及施工技术，同时介绍了环形高效预应力混凝土技术在大型筒仓和储罐、核电站安全壳等结构的应用概况。

　　本书为环形高效预应力混凝土技术成果在工程中应用的延续与拓展，向读者介绍了又一个水工输水隧洞衬砌应用环形无粘结预应力混凝土技术的成功范例。著作者结合国家重点水利建设工程——辽宁省大伙房水库输水（二期）工程的关键技术科研项目，在河南省高等学校青年骨干教师资助计划（李晓克，2006 年）资助下，进行了该工程隧洞衬砌预应力混凝土结构设计分析、试验段测试与分析研究和隧洞预应力混凝土衬砌优化设计及性能评价，开展了隧洞预应力混凝土衬砌结构的抗震性能分析。

本书著述是在华北水利水电大学赵顺波教授指导下，由李晓克教授、陈震副教授、赵洋副教授撰稿，李晓克教授负责统稿完成。华北水利水电大学李凤兰教授、李长永副教授、张晓燕副教授以及水工结构工程学科硕士研究生张学朋、贺瑞春等参与完成了相关试验测试工作。编著和出版工作得到了河南省水资源高效利用与保障工程协同创新中心、河南省重点学科：土木工程学科建设经费支持。在本团队参与大伙房输水（二期）工程隧洞预应力混凝土衬砌设计分析、洞内试验段测试与研究项目的过程中，得到了辽宁省水利水电勘测设计研究院终身荣誉总工程师、辽宁省工程设计大师刘永林教授级高工和副总工程师陈永彰教授级高工，易立高级工程师以及辽宁润中供水有限责任公司总工程师曲兴辉、副总工程师诸葛妃的具体指导和大力支持，在此一并表示诚挚谢意。

由于水平所限，本书存在的不妥和需要进一步改进之处，尚祈工程技术界的同仁不吝赐教指正。

作者

2018 年 10 月

目录

第 1 章

隧洞预应力混凝土衬砌设计

1.1 基础资料

1.1.1 工程概况

大伙房水库输水（二期）工程区位于东经 121°55′～125°20′、北纬 40°30′～42°20′之间，是保障辽宁中部、辽河中下游地区沿线各城市工业、农业和生活用水的生命线工程。工程引水规模 613 万 m³/d，输水线路总长 259.13km，其中抚顺市区段以隧洞为主。隧洞段取水头部（进口）位于大伙房水库左岸，沿抚顺南郊，途经罗太沟、心太河、古石沟、阿金沟、东洲河、夜海沟、郎士、偏坎子、英德堡、塔峪、房身沟；出口位于板石沟。从取水头部到板石沟隧洞出口，全段总长为 26966.5m，隧洞段长 22956.6m，穿越东洲河段（桩号 5+130.0～7+320，段长 2190m）与塔峪段（桩号 22+472.2～24+292.2，段长 1820m），采用管道连接。

工程所在地区属温带季风型大陆性气候，冬季严寒、干燥，夏季温热、多雨。降水主要集中在 6—9 月。多年平均气温在 5～9℃。全年气温 1 月最低，在 −9～−16℃，极端最低气温为 −28～−40℃；7 月最高，平均在 22～25℃，极端最高气温 34～39℃。下游平原及丘陵地带一般为 10 月中下旬封冻，次年 4 月上、中旬解冻。封冻期全河（包括岸边及河心）均封冻，多年平均最大河心冰厚在 0.50～0.70m 之间，上游厚于下游。解冻时无冰塞、冰坝现象出现。

1.1.2 地形地貌

本工程隧洞位于抚顺市南郊，区内地形起伏较大，地势略呈北高南低，沟谷发育按地表形态可分为低山丘陵区、河谷区两个地貌单元。

（1）低山丘陵区：地表植被较发育，山顶呈浑圆～梁状，受中等强度构造作用和长期剥蚀切割作用而成，基岩埋深较浅，风化严重。除山顶部一般直接裸露外，其余部分多为表层残积物掩盖。一般高程为 100.00～184.70m，最大高程为 216.00m（夜海沟北）。

（2）河谷区：为受河流侵蚀切割作用和冲积作用而成的河床、河漫滩和阶地，一般高程为 85.00～110.00m。多呈不对称的"U"字形，地下水埋藏较浅，第四系覆盖层较厚，一般以砂、砾砂为主，局部表层分布有薄层粉土、粉质黏土等。

在进行洞线布置时，避开了露天矿区、煤坑、渣场、铁矿、油厂，并尽量远离居民点。隧洞穿越河谷、沟谷 20 余处，其中洞顶埋深小于 30m 的河谷、沟谷共 14 处。隧洞浅埋段总长度约 4.1km，约占隧洞总长度的 17.7%。工程区内交通较为便利，洞线穿越各级公路（沥青或砂石）共 10 条，穿越桥梁（东洲河上铁路、公路）2 处。

1.1.3　地层岩性与分级

本工程隧洞段穿越的地层主要岩性有太古界花岗质片麻岩，中生界侏罗系上侏罗统小东沟组凝灰质砂岩、页岩，白垩系梨树沟组凝灰岩，中生界闪长岩、辉绿岩，第三系页岩、泥岩等。

太古界花岗质片麻岩、混合岩、混合花岗岩等总长度 19708m，占隧洞总长度的 85.9%，其岩质、结构、构造不均，岩相变化较大，有块状构造、条带状构造和片麻状构造，岩石强度相差较大，弱风化岩的单轴饱和抗压强度为 20～66MPa，为较软岩～中硬岩。

中生界侏罗系上侏罗统小东沟组凝灰质粉砂岩、粉砂岩、粉砂质页岩夹砂岩总长度 694m，占隧洞总长度的 3%，其岩质较均匀，弱风化岩的单轴饱和抗压强度为 33MPa，属中硬岩。

白垩系梨树沟组凝灰岩、凝灰质砂岩，局部安山岩，总长度 1620m，占隧洞总长度的 7.1%，其岩质不均，局部夹有胶结能力较弱的粉砂岩、页岩强度很低，弱风化岩的单轴饱和抗压强度为 30MPa，属较软岩。

中生界辉绿岩等脉岩总长度 540.7m，占隧洞总长度的 2.4%，一般规模较小，岩质均匀，弱风化岩的单轴饱和抗压强度为 30～40MPa，属中硬岩。

第三系页岩、泥岩、泥质粉砂岩总长度 127.7m，占隧洞总长度的 0.6%，为软岩。岩石以全风化、弱风化为主，全风化岩钻探可取得柱状，呈硬塑状～坚硬，干后龟裂；弱风化岩页理发育，失水后顺页理崩解，岩层产状 163°∠65°，其走向基本与轴线平行，对洞室稳定影响较大。

第三系玄武岩总长度 265.3m，占隧洞总长度的 1.2%，属中硬岩，岩体呈整体块状。地层产状、各地层之间的接触面产状与洞线多呈较大角度斜交，对洞室稳定较为有利。

洞线穿越山体部位的岩体一般为弱风化，完整性差～较完整，以Ⅱ、Ⅲ类围岩为主。穿越沟谷段或断层带以全风化、强风化为主，局部弱风化，岩体破碎～完整性差，对洞室稳定不利，总长度约为 2.3km，均为Ⅳ、Ⅴ类围岩，占隧洞段全部Ⅳ、Ⅴ类围岩的 55%。洞线穿越河谷区岩体风化多较严重，风化程度成为控制围岩分类的主要因素，构造的加速、加剧风化，破坏岩体完整程度的作用仅成为围岩分类的间接和次要因素。

隧洞段全长中，Ⅱ类围岩约占 38.2%，Ⅲ类围岩约占 42.4%，Ⅳ类围岩约占 11.9%，Ⅴ类围岩约占 7.5%。

隧洞穿越的主要河谷、沟谷见表 1.1。沟谷段隧洞顶部上覆围岩厚度均不满足要求，必须采用预应力混凝土衬砌技术。

表 1.1 　　　　　　　　　　　　隧洞穿越主要河谷、沟谷情况

序号	位置		河谷宽度/m	洞顶埋深小于30m的山谷宽度/m	河/谷底高程/m	覆盖层厚度/m	洞/管顶埋深/m	地表水情况
1	罗太沟		72	117.0	125.0	1.2	20~30	常年有水
2	心太河		220	321.0	116.3	7.3	10~30	常年有水
3	心太河支沟		71	82.3	132.5	2.0	28~30	季节有水
4	古石沟东沟		93	34.1	—	—	—	—
5	古石沟西沟		397	96.5	127.6	5.8	26~30	季节有水
6	阿金沟东沟		61	227.0	126.0	0	26~30	季节有水
7	东洲河	管道段	2077	—	91.0	14.2	3~19.3	常年有水
		隧洞段		165.4			19.3~30	
8	夜海沟东沟		223	418.2	110.0	5.4	11~30	常年有水
9	夜海沟		1349	506.1	104.0	5.5	7~30	常年有水
10	郎士		386	451.0	102.0	12.5	7~30	常年有水
11	偏坎子		658	781.0	102.0	2.0	10~30	常年有水
12	英德堡		196	295.0	110.9	3.6	22~30	常年有水
13	塔峪	管道段	1929	—	85.4	5.0	3~17.2	常年有水
		隧洞段	—	359.0			17.2~30	
14	房身沟		321	214.5	110.0	9.0	27~30	季节有水
	合计			6528.2	—	—	—	

1.1.4　隧洞设计断面

输水隧洞采用圆形断面，隧洞内径为6m。隧洞施工采用钻爆法，围岩开挖后即进行喷锚支护，根据围岩的不同地质条件采用不同支护措施。隧洞级别为Ⅰ级。

根据地质资料报告分析，选取四个设计典型断面分别进行内力计算：

1号设计断面：位于0+630的心太河，该处洞顶以上埋深10m。洞室围岩以全、强风化花岗质片麻岩为主，较破碎，软岩。强风化岩节理较发育，节理面微张~闭合，无充填或泥质充填，平直、起伏粗糙。岩体总体为中等透水，局部弱透水（透水率 q 为2.7Lu，干燥渗滴水）。本段洞室围岩总体上以Ⅳ、Ⅴ类为主，局部Ⅲ类，其中Ⅲ类约占20%，Ⅳ类约占40%，Ⅴ类约占40%。为保证工程的安全运营，按Ⅴ类围岩考虑。围岩天然密度取2.70g/cm³，单位弹性抗力系数取 $K_0=1.5$ MPa/cm。

2号设计断面：位于5+100靠近东洲河出口处，该处洞顶以上埋深17m。洞室围岩主要为第三系页岩、泥岩、泥质粉砂岩及第四系坡积碎石土，均为软岩，其中岩石以全风化、弱风化为主：全风化岩多呈土状或原岩碎粒与黏土相胶结，钻探可取得柱状，呈硬塑状~坚硬，干后龟裂；弱风化岩页理发育，遇水干后顺页理崩解。弱风化岩体较破碎~破碎，局部完整性差，呈薄层~互层状，局部碎裂结构，节理面闭合，平直光滑。按Ⅴ类围岩考虑，透水性较强（线状流水）。围岩天然密度取为2.60g/cm³，单位弹性抗力系数取 $K_0=1.0$ MPa/cm。

　　3 号设计断面：位于 15＋755 偏坎子沟谷段，沟谷处洞室最浅埋深仅约 9m。洞室围岩多为全、强风化混合花岗岩，为软岩；局部为弱风化岩，属中硬岩，完整性差。岩体微～弱透水，透水率为 0.9～1.6Lu，干燥渗滴水。本段洞室围岩总体上以Ⅴ类为主，局部沟谷两侧为Ⅳ类，其中Ⅳ类约占 20％，Ⅴ类约占 80％，按Ⅴ类围岩考虑。围岩天然密度为 2.72g/cm³，单位弹性抗力系数取 $K_0＝1.5$MPa/cm。

　　4 号设计断面：位于 27＋450 隧洞出口处，该处洞顶以上埋深 15m。洞室围岩以辉绿辉长岩为主，岩体节理较发育，部分泥质充填，破碎，微透水。为保证工程的安全运营，按Ⅴ类围岩考虑。围岩天然密度为 2.98g/cm³，单位弹性抗力系数取 $K_0＝$ 2.0MPa/cm。

1.2　设计原则

　　传统的结构力学模型是将支护结构和围岩分开来考虑，支护结构是承载主体，围岩作为荷载的来源和支护结构的弹性支撑，故又称为荷载-结构模型。采用这种模型时，认为隧洞支护结构与围岩的相互作用是通过弹性支撑对结构施加约束来体现的，而围岩承载能力则在确定围岩压力与弹性支撑的约束能力时考虑。围岩承载能力越高，它给予支护结构的压力就越小，弹性支撑约束支护结构变形的抗力就越大。这种模型主要适用于围岩因过分变形而发生松弛和崩塌，支护结构主动承担围岩"松动"压力情形。利用这种模型进行隧洞设计的关键问题是如何确定作用在支护结构上的主动荷载，其中最重要的是围岩松动压力和弹性支撑作用于支护结构的弹性抗力。一旦解决了这两个问题，就可以运用结构力学方法求出超静定体系的内力和位移。因为这种模型概念清晰，计算简便，便于被工程师接受，所以至今很通用。属于这种模型的计算方法有弹性连续框架（含拱形）法、假定抗力法和弹性地基梁（含曲梁和圆环）法等。当软弱地层对结构变形的约束能力较差时（或衬砌与地层间的空隙回填、灌浆不密实时），隧洞结构内力计算常用弹性连续框架法；反之，采用假定抗力法或弹性地基法。

　　依据《水利水电工程结构可靠度设计统一标准》（GB 50199—1994）和《水工混凝土结构设计规范》（SL/T 191—96），拟订隧洞预应力混凝土衬砌设计原则如下。

1.2.1　承载能力极限状态设计

　　1. 设计状况

　　持久状况为：基本荷载组合，自重＋预应力＋内水压力＋山岩压力。

　　短暂状况为：施工期，自重＋预应力＋山岩压力＋灌浆压力＋外水压力；检修期，自重＋预应力＋山岩压力＋外水压力。

　　2. 承载能力极限状态设计表达式

　　承载能力极限状态设计表达式为

$$\gamma_0 \psi S(\gamma_G G_k, \gamma_Q Q_k, a_k) \leqslant \frac{1}{\gamma_d} R(f_d, a_k) \tag{1.1}$$

式中　γ_0——结构重要性系数，取 1.1；

ψ——设计状况系数，对应于持久状况、短暂状况、偶然状况，分别取 1.0，0.95，0.85；

$S(\cdot)$——作用（荷载）效应函数；

$R(\cdot)$——结构抗力函数；

γ_d——结构系数。根据规范 SL/T 191—96 取 1.25；

γ_G——永久作用（荷载）分项系数；

γ_Q——可变作用（荷载）分项系数；

G_k——永久作用（荷载）标准值；

Q_k——可变作用（荷载）标准值；

f_d——材料强度设计值；

a_k——结构几何参数的标准值。

1.2.2 正常使用极限状态验算

1. 作用（荷载）组合

作用（荷载）效应长期组合，正常输水：自重＋预应力＋内水压力＋山岩压力；

作用（荷载）效应短期组合，检修期：自重＋预应力＋山岩压力＋外水压力。

2. 正常使用极限状态设计表达式

预应力混凝土衬砌正常使用极限状态设计表达式为

对于长期组合　　　　　　　$\gamma_0 S_1(G_k, \rho Q_k, f_k, a_k) \leqslant c_2$

对于短期组合　　　　　　　$\gamma_0 S_s(G_k, Q_k, f_k, a_k) \leqslant c_1$　　　　　（1.2）

式中　　　c_1、c_2——结构的功能限值；

$S_1(\cdot)$，$S_s(\cdot)$——作用（荷载）效应长期组合和短期组合的功能函数；

G_k——永久作用（荷载）标准值；

Q_k——可变作用（荷载）标准值；

f_k——材料强度标准值；

a_k——结构几何参数的标准值；

ρ——可变作用标准值的长期组合系数。

3. 结构的功能限值

隧洞预应力混凝土衬砌长期处于地下和水下环境，结构总体上所处环境条件为二类，结构功能限值按二级裂缝控制等级取值。

作用（荷载）效应短期组合下，结构受拉边缘混凝土的允许拉应力限制系数 $\alpha_{ct} = 0.5$，即

$$\sigma_{cs} - \sigma_{pc} \leqslant 0.5 \gamma f_{tk}$$　　　　　（1.3）

作用（荷载）效应长期组合下，结构受拉边缘混凝土的允许拉应力限制系数 $\alpha_{ct} = 0.3$，即

$$\sigma_{cl} - \sigma_{pc} \leqslant 0.3 \gamma f_{tk}$$　　　　　（1.4）

式中　σ_{cs}、σ_{cl}——作用（荷载）效应短期组合、长期组合下验算边缘的混凝土法向拉应力；

σ_{pc}——扣除全部预应力损失后在验算边缘混凝土的预压应力；

f_{tk}——混凝土的轴心抗拉强度标准值；

γ——断面抵抗矩塑性系数，取 $\gamma = 1.55$。

1.2.3　施工期应力验算

1. 验算工况

施工期荷载组合：自重＋预应力＋山岩压力＋固结灌浆压力＋外水压力。

2. 应力验算控制表达式

预应力隧洞衬砌施工期应力验算控制表达式为

$$\sigma_{\text{ct}} \leqslant 0.7 f'_{\text{tk}} \tag{1.5}$$

$$\sigma_{\text{cc}} \leqslant 0.9 f'_{\text{ck}} \tag{1.6}$$

式中　σ_{ct}、σ_{cc}——相应验算工况计算断面边缘纤维的混凝土拉应力、压应力；

f'_{tk}、f'_{ck}——与相应验算工况混凝土立方体抗压强度 f'_{cu} 相应的轴心抗拉、抗压强度标准值。

1.3　荷载

1.3.1　结构自重

钢筋混凝土自重为 25kN/m^3；钢材自重为 78kN/m^3。计算结构自重时，考虑结构重要性系数 $\gamma_0 = 1.1$。

1.3.2　内水压力

内水压力取 50m 水头，并考虑结构重要性系数 $\gamma_0 = 1.1$。

1.3.3　外水压力

作用在预应力隧洞衬砌上的外水压力，可估算如下：

$$p_{\text{e}} = \beta_{\text{e}} \gamma_{\text{w}} H_{\text{e}} \tag{1.7}$$

式中　p_{e}——作用在衬砌结构外表面的地下水压力；

β_{e}——外水压力折减系数，有内水组合时 β_{e} 应取较小值，无内水组合时 β_{e} 应取最大值；

γ_{w}——水的重度，一般采用 9.81kN/m^3；

H_{e}——地下水位线至隧洞中心的作用水头，内水外渗时取内水压力。地下水位按地面以下 2m 考虑。

计算外水压力时，考虑结构重要性系数 $\gamma_0 = 1.1$。

1.3.4　围岩压力

由《水工隧洞设计规范》（SL 279—2002），围岩作用在衬砌上的荷载可按下式计算

垂直方向 $\qquad q_{v}=(0.2\sim0.3)\gamma_{r}B$ (1.8)

水平方向 $\qquad q_{h}=(0.05\sim0.10)\gamma_{r}H$ (1.9)

式中 $\quad q_{v}$——垂直均布围岩压力，kN/m^{2}；

$\qquad q_{h}$——水平均布围岩压力，kN/m^{2}；

$\qquad \gamma_{r}$——岩体重度，kN/m^{3}；

$\qquad B$——隧洞开挖宽度，m；

$\qquad H$——隧洞开挖高度，m。

围岩压力对结构有利时，其系数取小值，不利时取大值。

计算围岩压力时，考虑结构重要性系数 $\gamma_{0}=1.1$。

1.3.5 灌浆压力

固结灌浆压力取为 0.5MPa。

1.4 结构选型

1.4.1 衬砌结构与材料

隧洞采用圆形断面，内径 6m。预应力衬砌结构的厚度一般可取隧洞内径的 1/12～1/18，衬砌结构越薄，预应力效果越显著。本工程根据同类结构研究和工程应用的实践经验，选取隧洞预应力混凝土衬砌厚度为 1/12 隧洞内径，即 500mm。

隧洞衬砌混凝土的强度等级为 C40，混凝土抗渗等级为 W8。混凝土轴心抗压强度标准值 $f_{ck}=27.0MPa$、设计值 $f_{c}=19.5MPa$，混凝土轴心抗拉强度标准值 $f_{tk}=2.45MPa$，弹性模量 $E_{c}=3.25\times10^{4}MPa$，泊松比 $\nu_{c}=0.167$。

根据隧洞预应力混凝土衬砌的设计要求，环形预应力筋束锚固支撑方法可选取内扶壁混凝土支撑、内槽口混凝土支撑和环锚支撑等方式。通过各种支撑方式优缺点的比较，参照黄河小浪底水利枢纽工程排沙洞预应力混凝土衬砌的成功经验，本工程采用环锚支撑。考虑衬砌受力的对称性，环锚的锚具槽按洞底部左右对称布置；两锚具槽位置相对圆心夹角 90°。为节省锚具用量、减少张拉施工作业量，预应力筋束采用高强低松弛无粘结 1860 级 $\phi^{s}15.24$ 钢绞线，张拉控制应力 $\sigma_{con}=0.75f_{ptk}=1395MPa$，钢绞线锚固端与张拉端的包角为 $2\times360°$，即单层双圈或双层双圈。锚具槽口采用具有一定膨胀性的混凝土回填，通过膨胀变形使槽口周围自由混凝土产生与无槽口处的衬砌混凝土等同的预压应力。

普通钢筋采用标准热轧 II 级钢筋。

1.4.2 衬砌混凝土应力验算控制指标

正常使用极限状态验算时，式（1.3）和式（1.4）具体表达为

$$\sigma_{cs}-\sigma_{pc}\leqslant1.9(MPa)$$ (1.10)

$$\sigma_{cl}-\sigma_{pc}\leqslant1.14(MPa)$$ (1.11)

考虑到本结构施加预应力的复杂性及结构沿线地质条件的变化，实际结构受力条件可

能会比计算假定的条件更为不利，为了避免出现实际结构抗裂性能低于计算条件下结构抗裂性能，要求预应力衬砌结构中应存在完整的封闭压应力环，以保证预应力混凝土衬砌结构不至于产生贯穿性裂隙而发生渗水溶出性腐蚀破坏，并限制荷载作用对混凝土内部结构损伤处于较低水平，保证混凝土结构具有良好的耐久性能。

施工期应力验算时，式（1.5）和式（1.6）具体表达为：$\sigma_{ct} \leqslant 1.72\text{MPa}$，$\sigma_{cc} \leqslant 24.3\text{MPa}$。

1.5　预应力筋束钢筋的布置

1.5.1　预应力筋束的布置方案

经初步计算调试，确定各断面预应力衬砌的预应力筋束布置方案如图 1.1～图 1.3 所示。

如图 1.1 所示，1 号设计断面采用 $3 \times \phi^s 15.24$ 钢绞线，截面面积 $A_p = 3 \times 139\text{mm}^2$。预应力筋束沿环向单层双圈布置，沿管道轴向的中心间距为 290mm，环锚支撑变角张拉，环锚锚板锚固端和张拉端各设 3 个锚孔，3 根钢绞线从锚固端起始沿衬砌环绕 2 圈后进入张拉端。预留内槽口长度为 1.3m，中心深度为 0.20m，宽度为 0.20m。

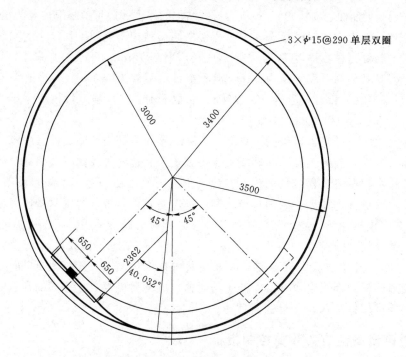

图 1.1　1 号设计断面的无粘结预应力钢绞线布置（单位：mm）

如图 1.2 所示，2 号和 3 号设计断面采用 $6 \times \phi^s 15.24$ 钢绞线，截面面积 $A_p = 6 \times 139\text{mm}^2$。预应力筋束沿环向双层双圈布置，沿管道轴向的中心间距为 400mm，环锚支撑变角张拉，环锚锚板锚固端和张拉端各设 6 个锚孔，内层 3 根钢绞线从锚固端起始沿内层圆周环绕 2 圈后进入内层张拉端，外层 3 根钢绞线从锚固端起始沿外层圆周环绕 2 圈后进入外层张拉端。预留内槽口长度为 1.3m，中心深度为 0.20m，宽度为 0.20m。

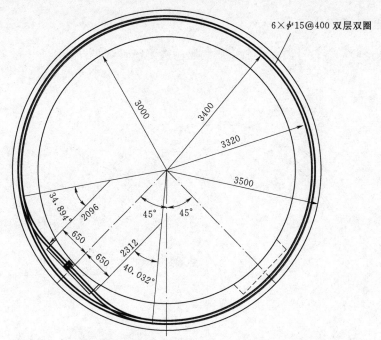

图 1.2　2 号和 3 号设计断面的无粘结预应力钢绞线布置（单位：mm）

如图 1.3 所示，4 号设计断面采用 $3 \times \phi^s 15.24$ 钢绞线，截面面积 $A_p = 3 \times 139\text{mm}^2$。

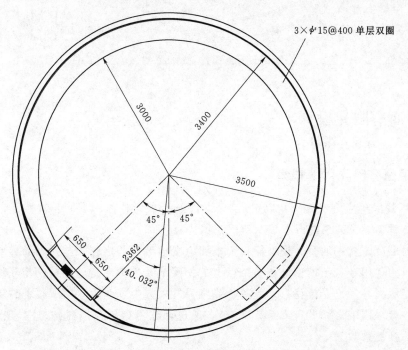

图 1.3　4 号设计断面的无粘结预应力钢绞线布置（单位：mm）

预应力筋束沿环向单层双圈，沿管道轴向的中心间距为 400mm，环锚支撑变角张拉，环锚、预留内槽口和钢绞线沿衬砌环绕方式同 1 号设计断面。

1.5.2　普通钢筋布置方案

根据设计经验，各设计断面普通钢筋按照构造配筋可满足设计要求，故各断面的普通配筋相同（图 1.4）。

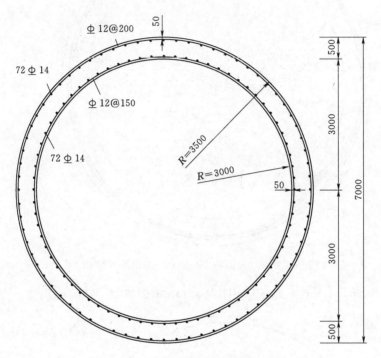

图 1.4　1～4 号设计断面普通钢筋布置（单位：mm）

1.6　平面有限元设计

1.6.1　平面有限元数值模型

为分析隧洞预应力混凝土衬砌 1～4 号设计断面在荷载作用下的受力性能，采用通用有限元分析软件 ANSYS 进行有限元数值模拟计算。

预应力混凝土衬砌的受力模型简化为平面应变模型。假定围岩与衬砌的界面法向应力只存在压应力，用布置于模型外侧各结点上的弹簧单元模拟围岩与结构的相互作用，弹簧单元只承受压力，一旦受拉将自动脱落。弹簧弹性系数由基于 Winkler 假定的局部变形理论确定，一般采用围岩弹性抗力系数 K_0 值，通过计算可得出模拟衬砌与围岩相互作用的弹簧单元的弹性系数。

隧洞预应力混凝土衬砌各断面有限元数值模型如图 1.5 所示，其中 X、Y 坐标轴分别

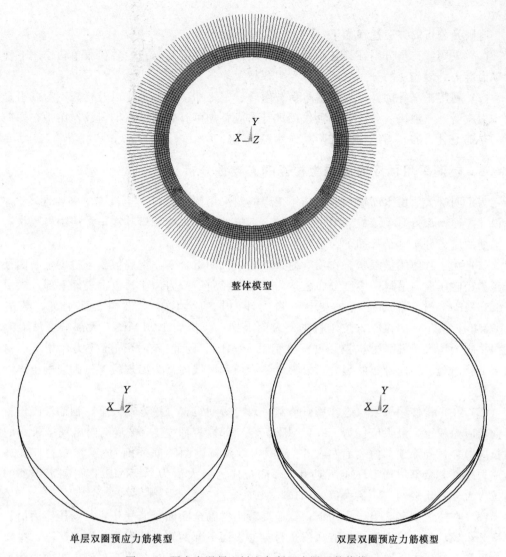

整体模型

单层双圈预应力筋模型　　　　　　　　　双层双圈预应力筋模型

图 1.5　预应力混凝土衬砌各断面有限元数值模型

对应衬砌的水平和竖直方向。采用二维平面元 Plane 42 模拟衬砌混凝土，杆件元 Link 8 模拟预应力筋束，弹簧单元 Combin 14 模拟衬砌与围岩的相互作用。

预应力筋束和钢筋混凝土衬砌各自单独建模，充分考虑了曲线预应力筋束对混凝土的作用，使得有限元模型能够更真实地模拟预应力筋束曲线线型对结构内力分布的影响。预应力筋束的单元结点与钢筋混凝土单元间通过约束方程建立起相互作用关系，即通过点（混凝土单元上的一个结点）与点（预应力筋束上的一个结点）的自由度耦合来实现。该方法考虑了混凝土和预应力筋束在外荷载作用下的共同效应，确定了预应力筋束在外荷载作用下的应力增量，使得预应力的模拟更为真实可靠。

进行有限元分析时，预应力筋束对混凝土的作用采用降温法通过专用程序施加。

考虑到普通钢筋对结构刚度的影响，混凝土单元采用均化的钢筋混凝土折算弹性模量。

有限元分析的一般过程如下：

（1）采用载荷步分别计算各荷载单独作用下的应力应变分布。各荷载单独作用下确定衬砌混凝土应力应变的分布采用了单元生死技术。

（2）利用工况叠加计算得到基本荷载组合、施工期荷载组合，以及检修期荷载组合下的应力应变分布规律。各荷载单独作用进行效应叠加可有效保证后期荷载作用是在先期变形的基础上进行的，与结构的实际受力状态相符。

1.6.2 隧洞采用预应力混凝土衬砌的必要性分析

为了明确大伙房水库输水（二期）工程隧洞采用预应力混凝土衬砌的必要性，选取 1 号设计断面，保持衬砌结构外形尺寸不变、不施加预应力，分析其在正常使用极限状态和施工期的应力分布。结果如下。

（1）在正常使用极限状态作用（荷载）效应长期组合下，钢筋混凝土衬砌全断面径向受压，径向压应力沿衬砌厚度分布较均匀，最大径向压应力位于衬砌内表面下部，数值为 -0.56MPa；衬砌全断面环向受拉，最大环向拉应力位于衬砌内表面上部，数值为 3.87MPa；最小环向拉应力位于衬砌外表面上部，数值为 1.87MPa，大部分区域混凝土环向拉应力均大于混凝土抗拉强度标准值 2.45MPa。因此，在环向拉应力作用下，衬砌混凝土将出现沿轴向分布的裂缝，且靠近隧洞顶部区域内将会出现贯穿衬砌混凝土厚度的裂缝。

（2）在正常使用极限状态作用（荷载）效应短期组合（检修期）下，钢筋混凝土衬砌径向压应力较小，最大值仅为 -0.12MPa，在顶部内表面左右 20°范围内出现了较小的径向拉应力；衬砌除顶部内表面左右 30°范围内以及衬砌两腰部外侧向上 20°左右存在环向拉应力外，其余部位均为环向压应力，环向拉应力最大值为 0.78MPa；衬砌下半部的环向压应力分布比较均匀，最大值为 -1.95MPa。

（3）在施工期荷载组合作用下，钢筋混凝土衬砌全断面径向受压，径向压应力沿衬砌厚度分布较均匀，最大径向压应力位于衬砌外表面下部两侧，数值为 -0.65MPa，主要是由自重和围岩压力所引起的；衬砌全断面环向受压，最大压应力位于衬砌内表面两侧腰部向上 15°左右，数值为 -6.88MPa；最小压应力位于衬砌最大压应力相应位置的外表面处，数值为 -2.64MPa，衬砌下部混凝土环向压应力分布较为均匀，顶部混凝土环向压应力分布均匀性较差。

由此可知，隧洞衬砌若采用钢筋混凝土，在正常使用作用（荷载）效应长期组合下将存在较大的环向拉应力，无法满足结构的抗裂要求。因此，采用预应力混凝土技术是解决问题的最有效途径之一。

1.6.3 1号设计断面平面有限元分析

1. 正常使用极限状态作用（荷载）效应长期组合

衬砌混凝土在同一环面的径向应力分布较均匀，径向压应力出现在预应力筋束环面内侧、最大值为 -0.91MPa，径向拉应力出现在衬砌外表层，最大值为 0.03MPa。

衬砌混凝土上半圆环的环向压应力分布较均匀，在下半圆环和锚具槽处的环向应力分布均匀性较差且应力变化较为剧烈。在锚具槽位置，拉压应力突变，但影响范围较小；衬砌内表面混凝土环向压应力最大，数值可达 $-8.19MPa$；衬砌外表面混凝土环向拉应力最大，数值为 $1.15MPa$。总体而言，衬砌混凝土内部存在封闭的环向压应力环（图1.6、图1.7），满足抗裂设计要求。

预应力筋束的最小拉应力出现在衬砌下半圆，数值为 $960MPa$；最大拉应力出现衬砌上半圆，数值为 $1035MPa$，未超过抗拉强度设计值。

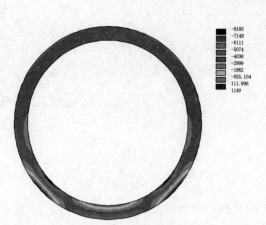

图1.6 作用（荷载）效应长期组合1号设计断面衬砌环向应力分布（单位：kPa）

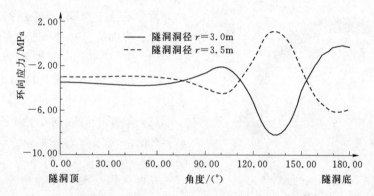

图1.7 作用（荷载）效应长期组合1号设计断面衬砌的内外表面环向应力分布

衬砌结构整体变形较小，最大位移位于衬砌结构顶部，数值为 $1.87mm$。

2. 正常使用极限状态作用（荷载）效应短期组合（检修期）

衬砌混凝土在同一环面的径向应力分布较均匀，径向应力较小，最大径向压应力出现在预应力筋束环面内侧，数值为 $-0.77MPa$。

衬砌混凝土沿环向均处于受压状态，上半圆环的环向压应力分布较均匀，在下半圆环和锚具槽处的环向应力分布均匀性较差。在锚具槽位置，环向压应力变化剧烈，但影响范围较小；衬砌内表面混凝土环向压应力最大，数值可达 $-11.33MPa$；衬砌外表面混凝土环向压应力最小，数值为 $-1.60MPa$（图1.8、图1.9）。

预应力筋束的最小拉应力出现在衬砌下半圆，数值为 $945MPa$；最大拉应力出现衬

图1.8 作用（荷载）效应短期组合（检修期）1号设计断面衬砌环向应力分布（单位：kPa）

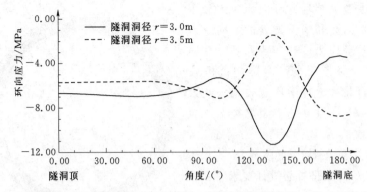

图 1.9　作用（荷载）效应短期组合（检修期）1 号设计断面衬砌的内外表面环向应力分布

砌上半圆，数值为 1020MPa，未超过抗拉强度设计值。

衬砌结构整体变形较小，最大位移位于衬砌结构顶部，数值为 2.00mm。

图 1.10　施工期荷载组合 1 号设计断面衬砌环向应力分布（单位：kPa）

期混凝土应力控制要求。

3. 施工期荷载组合作用

衬砌混凝土在同一环面的径向应力分布较均匀，径向应力较小，最大径向压应力出现在预应力筋束环面内侧，数值为 -1.07MPa，最小径向压应力出现在靠近内表面的环面。

衬砌混凝土沿环向均处于受压状态，上半圆环的环向压应力分布较为均匀，在下半圆环和锚具槽处的环向应力分布均匀性较差。在锚具槽位置，环向压应力变化剧烈，但影响范围较小；衬砌内表面混凝土环向压应力最大，数值可达 -14.38MPa；衬砌外表面混凝土环向压应力最小，数值为 -4.34MPa（图 1.10、图 1.11），满足施工

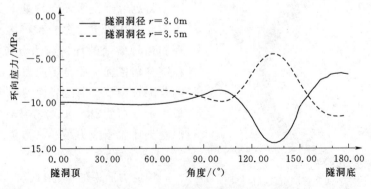

图 1.11　施工期荷载组合 1 号设计断面衬砌的内外表面环向应力分布

预应力钢绞线最小拉应力为 930MPa，最大拉应力为 1006MPa。

衬砌结构整体变形较小，最大位移位于衬砌顶部，数值为 2.28mm。

1.6.4　2号设计断面平面有限元分析

1. 正常使用极限状态作用（荷载）效应长期组合

衬砌混凝土在预应力筋束环面以内厚度范围内，径向应力分布均匀，压应力约为 −1.15MPa，局部应力集中，达−2.35MPa；在预应力筋束环面以外厚度范围内，存在径向拉应力，但最大值仅为 0.53MPa，满足混凝土抗裂要求。

衬砌混凝土上半圆环的环向压应力分布较为均匀，在下半圆环和锚具槽处的环向应力分布均匀性较差，应力梯度变化较大。在锚具槽位置，拉压应力变化剧烈，但影响范围较小；衬砌内表面混凝土环向压应力最大，数值可达−12.91MPa，衬砌外表面混凝土环向拉应力最大，数值为 0.92MPa；衬砌混凝土存在封闭的环向压应力环（图1.12、图 1.13），满足抗裂设计要求。

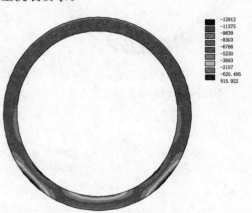

预应力筋束的最小拉应力为 944MPa，最大拉应力为 1022MPa，未超过抗拉强度设计值。

衬砌结构整体变形较小，最大位移位于衬砌结构顶部，数值为 2.68mm。

图 1.12　作用（荷载）效应长期组合 2 号设计断面衬砌环向应力分布（单位：kPa）

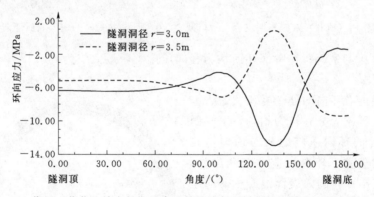

图 1.13　作用（荷载）效应长期组合 2 号设计断面衬砌的内外表面环向应力分布

2. 正常使用极限状态作用（荷载）短期组合（检修期）

衬砌混凝土在预应力筋束环面以内厚度范围内，径向应力分布均匀，压应力约为 −1.10MPa，局部因应力集中，达−2.45MPa；在预应力筋束环面以外厚度范围内，存在径向拉应力，但最大值仅为 0.71MPa，满足混凝土抗裂要求。

衬砌混凝土沿环向均处于受压状态，上半圆环的环向压应力分布较为均匀，在下半圆

图 1.14　作用（荷载）效应短期组合（检修期）
2 号设计断面衬砌环向应力分布（单位：kPa）

环和锚具槽处的环向应力分布均匀性较差。在锚具槽位置，环向压应力变化剧烈，但影响范围较小；衬砌内表面混凝土环向压应力最大，数值可达－16.15MPa，衬砌外表面混凝土环向压应力最小，数值为－1.98MPa（图 1.14、图 1.15）。

预应力筋束的最小拉应力为 928MPa，最大拉应力为 1066MPa，未超过抗拉强度设计值。

衬砌结构整体变形较小，最大位移位于衬砌结构顶部，数值为 2.73mm。

3. 施工期荷载组合

衬砌混凝土在同一环面上的径向应力分布均匀，在内外表层环面上出现径向拉应

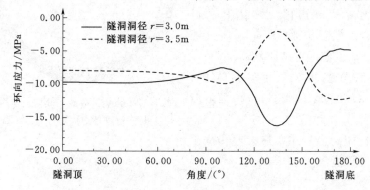

图 1.15　作用（荷载）效应短期组合（检修期）2 号设计断面衬砌的内外表面环向应力分布

力，最大值为 0.41MPa；在中部环面均为径向压应力，最大值为－2.42MPa，满足混凝土抗裂设计要求。

衬砌混凝土沿环向均处于受压状态，上半圆环的环向压应力分布较为均匀，下半圆环和锚具槽处的环向压应力分布均匀性较差。在锚具槽位置，环向压应力变化剧烈，但影响范围较小；衬砌内表面混凝土环向压应力最大，数值可达－19.45MPa，衬砌外表面混凝土环向压应力最小，数值为－5.00MPa（图 1.16、图 1.17），满足施工期混凝土压应力控制要求。

预应力筋束的最小拉应力为 913MPa，最大拉应力为 990MPa，未超过抗拉强度设计值。

图 1.16　施工期荷载组合 2 号设计断面
衬砌环向应力分布（单位：kPa）

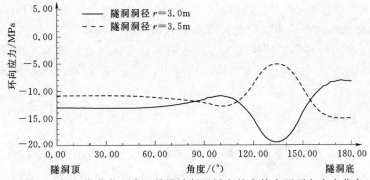

图 1.17　施工期荷载组合 2 号设计断面衬砌的内外表面环向应力分布

衬砌结构整体变形较小，最大位移位于衬砌结构顶部，数值为 3.03mm。

1.6.5　3 号设计断面平面有限元分析

1. 正常使用极限状态作用（荷载）效应长期组合

衬砌混凝土在同一环面上的径向应力分布较为均匀，在预应力筋束环面以内为径向压应力，最大值为 −1.82MPa；在预应力筋束环面以外为径向拉应力，最大值为 0.43MPa，满足混凝土抗裂设计要求。

衬砌混凝土上半圆环的环向压应力分布较均匀，在下半圆环和锚具槽处的环向应力分布均匀性较差，应力梯度变化较大。在锚具槽位置，拉压应力变化剧烈，但影响范围较小；衬砌内表面混凝土环向压应力最大，数值可达 −12.85MPa，衬砌外表面混凝土环向拉应力最大，数值为 0.70MPa；衬砌混凝土存在封闭的环向压应力（图 1.18、图 1.19），满足混凝土抗裂设计要求。

预应力筋束的最小拉应力为 944MPa，最大拉应力为 1021MPa，未超过抗拉强度设计值。

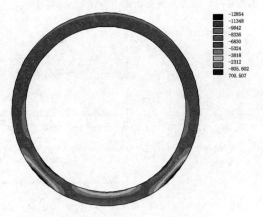

图 1.18　作用（荷载）效应长期组合 3 号设计断面衬砌环向应力分布（单位：kPa）

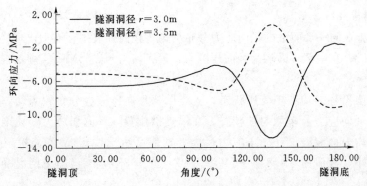

图 1.19　作用（荷载）效应长期组合 3 号设计断面衬砌的内外表面环向应力分布

衬砌结构整体变形较小，最大位移位于衬砌结构顶部，数值为 2.21mm。

2. 正常使用极限状态作用（荷载）效应短期组合（检修期）

衬砌混凝土在同一环面上的径向应力分布均匀，在内外表层环面上出现径向拉应力，最大值为 0.63MPa；在中部环面均为径向压应力，最大值为 -2.09MPa，满足混凝土抗裂设计要求。

图 1.20　作用（荷载）效应短期组合（检修期）3 号设计断面衬砌环向应力分布（单位：kPa）

衬砌混凝土沿环向均处于受压状态，上半圆的环向压应力分布较均匀，在下半圆环和锚具槽处的环向应力分布均匀性较差。在锚具槽位置，环向压应力变化剧烈，但是影响范围较小；衬砌内表面混凝土环向压应力最大、数值可达 -15.80MPa，衬砌外表面混凝土环向压应力最小、数值为 -1.92MPa（图 1.20、图 1.21）。

预应力筋束的最小拉应力为 930MPa，最大拉应力为 1007MPa，未超过抗拉强度设计值。

衬砌结构整体变形较小，最大位移位于衬砌结构顶部，数值为 2.32mm。

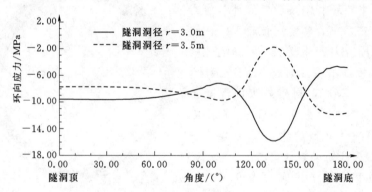

图 1.21　作用（荷载）效应短期组合（检修期）3 号设计断面衬砌的内外表面环向应力分布

3. 施工期荷载组合

衬砌混凝土在同一环面上的径向应力分布均匀，在内外表层环面上出现径向拉应力，最大值为 0.34MPa；在中部环面均为径向压应力，最大值为 -1.55MPa，满足混凝土抗裂设计要求。

衬砌混凝土沿环向均处于受压状态，上半圆环环向压应力分布较为均匀，在下半圆环和锚具槽处的环向应力分布均匀性较差。在锚具槽位置，环向压应力变化剧烈，但影响范围较小；衬砌内表面混凝土环向压应力最大，数值可达 -19.01MPa，衬砌外表面混凝土环向压应力最小，数值为 -4.84MPa（图 1.22、图 1.23），满足施工期混凝土压应力控制要求。

预应力筋束的最小拉应力为 915MPa，最大拉应力为 992MPa，未超过抗拉强度设计值。

衬砌结构整体变形较小，最大位移位于衬砌结构顶部，数值为 2.62mm。

1.6.6 4 号设计断面平面有限元分析

1. 正常使用极限状态作用（荷载）效应长期组合

衬砌混凝土沿径向受压，压应力在－0.10～－0.72MPa 范围内变化；同一环面上的径向压应力，自环面底部向顶部逐渐减小。

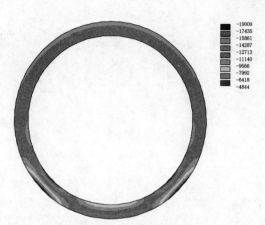

图 1.22　施工期荷载组合 3 号设计断面衬砌环向应力分布（单位：kPa）

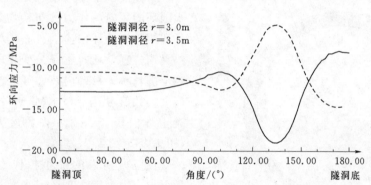

图 1.23　施工期荷载组合 3 号设计断面衬砌的内外表面环向应力分布

衬砌混凝土上半圆环向压应力分布较均匀，在下半圆环和锚具槽处的环向应力分布均匀性较差，应力梯度变化较大。在锚具槽位置，拉压应力变化剧烈，但影响范围较小；衬砌内表面混凝土环向压应力最大，数值可达－3.93MPa；衬砌外表面混凝土环向拉应力最大，数值为 1.42MPa（超出抗裂设计要求控制的混凝土拉应力 1.14MPa）；衬砌混凝土存在封闭的环向压应力（图 1.24、图 1.25），基本满足混凝土抗裂设计要求。

预应力筋束的最小拉应力为 970MPa，最大拉应力为 1044MPa，未超过抗拉强度设计值。

衬砌结构整体变形较小，最大位移位于衬砌结构顶部，数值为 1.43mm。

2. 正常使用极限状态作用（荷载）效应短期组合（检修期）作用

衬砌混凝土沿径向均处于受压状态。在

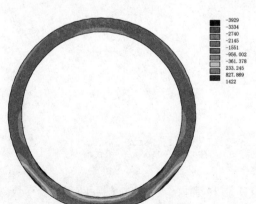

图 1.24　作用（荷载）效应长期组合 4 号设计断面衬砌环向应力分布（单位：kPa）

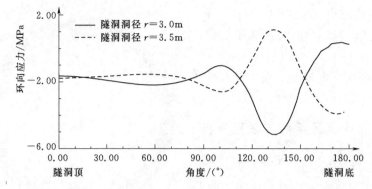

图 1.25　作用（荷载）效应长期组合 4 号设计断面衬砌的内外表面环向应力分布

同一环面上，上半圆环的径向压应力较均匀，下半圆环的径向压应力因受到锚具槽的影响，出现较大的突变；径向压应力在 $-0.06\sim-0.47$ MPa 范围内。

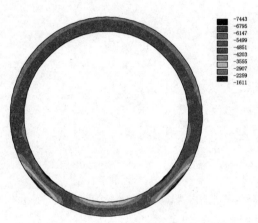

图 1.26　作用（荷载）效应短期组合（检修期）4 号设计断面衬砌环向应力分布（单位：kPa）

衬砌混凝土沿环向均处于受压状态，上半圆环的环向压应力分布较均匀，在下半圆环和锚具槽处环向应力分布均匀性较差。在锚具槽位置，环向压应力变化剧烈，但是影响范围较小；衬砌内表面混凝土环向压应力最大，数值可达 -7.44 MPa；衬砌外表面混凝土环向压应力最小，数值为 -1.61 MPa（图 1.26、图 1.27）。

预应力筋束的最小拉应力为 954MPa，最大拉应力为 1028MPa，未超过抗拉强度设计值。

衬砌结构整体变形较小，最大位移位于衬砌结构顶部，数值为 1.60mm。

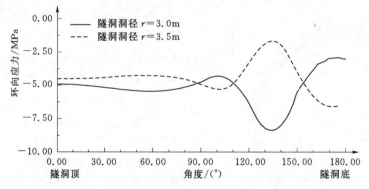

图 1.27　作用（荷载）效应短期组合（检修期）4 号设计断面衬砌的内外表面环向应力分布

3. 施工期荷载组合

衬砌混凝土沿径向处于受压状态。在预应力筋束环面内侧的混凝土径向压应力最大，

量值为 −0.82MPa，其他环面的径向压应力
在 −0.11~0.73MPa 范围内变化。

衬砌混凝土沿环向均处于受压状态，上
半圆环的环向压应力分布较均匀，在下半圆
环和锚具槽处的环向应力分布均匀性较差。
在锚具槽位置，环向压应力变化剧烈，但影
响范围较小；衬砌内表面混凝土环向压应力
最大，数值可达 −10.36MPa；衬砌外表面
混凝土环向压应力最小，数值为 −4.19MPa
（图 1.28、图 1.29），满足施工期混凝土压应
力控制要求。

预应力筋束的最小拉应力为 940MPa，
最大拉应力为 1014MPa，未超过抗拉强度设
计值。

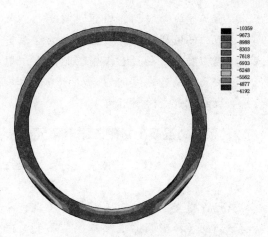

图 1.28 施工期荷载组合 4 号设计断面衬砌
环向应力分布（单位：kPa）

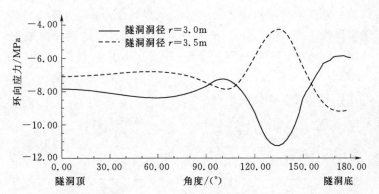

图 1.29 施工期荷载组合 4 号设计断面衬砌的内外表面环向应力分布

衬砌结构整体变形较小，最大位移位于衬砌结构顶部，数值为 1.87mm。

1.7 三维有限元计算分析

由平面有限元分析结果可知，隧洞预应力混凝土衬砌的混凝土和预应力筋束应力、
衬砌结构变形均满足设计要求。为了进一步确定采用平面应变分析的有效性，本节进行了
隧洞预应力混凝土衬砌的三维有限元分析。

1.7.1 三维有限元数值模拟

三维有限元数值模拟选取 1 号设计断面，采用通用有限元分析软件 ANSYS 建模。取
一 15m 节段，如图 1.30 所示，其中 X、Y 坐标轴分别对应衬砌的水平和竖直方向。采用
三维块体元 Solid 45 模拟衬砌混凝土，杆件元 Link 8 模拟预应力钢筋，弹簧单元 Combin 14
模拟预应力衬砌结构与围岩的相互作用。

围岩与预应力衬砌的界面法向应力的处理、预应力筋束和钢筋混凝土衬砌的建模方式、预应力筋束对混凝土作用的施加方法以及普通钢筋对结构刚度的影响处理方法，均与平面有限元数值模型相同。

图 1.30　预应力衬砌三维有限元数值模型

1.7.2　预应力混凝土衬砌三维有限元分析

1. 正常使用极限状态作用（荷载）效应长期组合

衬砌混凝土的径向应力分布，在垂直于隧洞轴向的各环形断面上基本保持不变，最大径向压应力为 -0.83 MPa，小于平面有限元分析时的 -0.91 MPa。

各环形断面上衬砌混凝土环向应力的分布状态，其三维有限元分析结果与平面有限元分析结果是一致的。除隧洞两端自由、约束较弱导致环形断面上的环向应力略有增减外，在其余各断面基本保持不变（图 1.31）。在锚具槽位置，衬砌内表面混凝土环向压应力最大值可达 -7.33 MPa，略小于平面有限元分析的 -8.19 MPa；衬砌外表面混凝土环向拉应力最大值为 1.89 MPa，大于平面有限元分析的 1.15 MPa；衬砌混凝土存在封闭的环向压应力（图 1.32、图 1.33）。

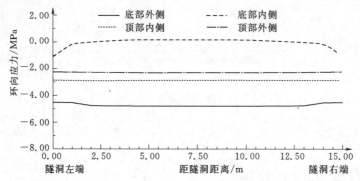

图 1.31　作用（荷载）效应长期组合沿轴向各环形断面衬砌顶底面的环向应力

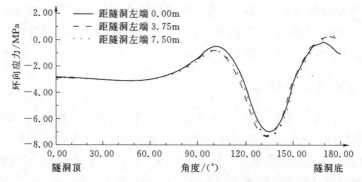

图 1.32　作用（荷载）效应长期组合衬砌沿轴向各断面内表面环向应力

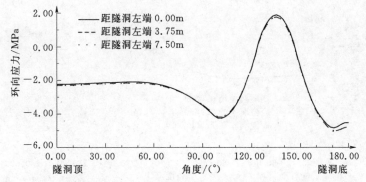

图 1.33 作用（荷载）效应长期组合衬砌沿轴向各断面外表面环向应力

预应力钢绞线最小拉应力为 965MPa，最大拉应力为 1037MPa，与平面有限元分析结果基本相同。

衬砌结构整体最大位移位于衬砌结构顶部，数值为 0.70mm，小于平面有限元分析的 1.87mm。

2. 正常使用极限状态作用（荷载）效应短期组合（检修期）

衬砌混凝土径向应力，在垂直于隧洞轴向的各环形断面上基本保持不变，三维有限元分析最大径向压应力为 -0.68MPa，略小于平面有限元分析最大径向压应力 -0.77MPa。

三维有限元分析得到的衬砌混凝土环向应力的分布状态，与平面有限元分析结果是一致的。衬砌混凝土的环向应力，除因隧洞两端自由、约束较弱而导致环形断面应力略有增减外，在其余各断面基本保持不变（图 1.34）。在锚具槽位置，衬砌内表面混凝土环向压应力最大值可达 -10.50MPa，略小于平面有限元分析的 -11.33MPa；衬砌外表面混凝土环向压应力最小值为 -0.90MPa，小于平面有限元分析的 -1.60MPa；衬砌混凝土存在封闭的环向压应力（图 1.35、图 1.36）。

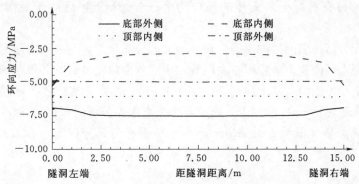

图 1.34 作用（荷载）效应短期组合（检修期）衬砌沿轴向各断面
的顶底面环向应力

预应力钢绞线最小拉应力为 949MPa，最大拉应力为 1023MPa，与平面有限元分析结果基本相同。

衬砌结构整体最大位移位于衬砌结构顶部，靠近两端顶部位移大于中间区段，最大值为 0.86mm，小于平面有限元分析的 2.00mm。

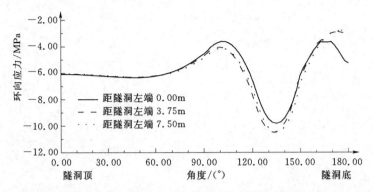

图 1.35　作用（荷载）效应短期组合（检修期）衬砌沿轴向各断面外表面环向应力

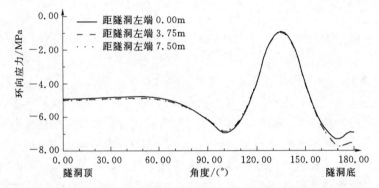

图 1.36　作用（荷载）效应短期组合（检修期）衬砌沿轴向各断面外表面环向应力

3. 施工期荷载组合

衬砌混凝土径向应力在垂直于隧洞轴向各环形断面上基本保持不变，且量值较小。三维有限元分析的衬砌混凝土最大径向压应力为 $-1.02\mathrm{MPa}$，略小于平面有限元分析的 $-1.07\mathrm{MPa}$。

三维有限元分析得到的衬砌混凝土环向应力的分布状态，与平面有限元分析结果是一致的。衬砌混凝土环向应力，除因隧洞两端自由、约束较弱导致其环形断面的环向应力有增减外，在其余环形断面上基本保持不变（图 1.37）。在锚具槽位置，衬砌内表面混凝土环向压应力最大值可达 $-13.60\mathrm{MPa}$，略小于平面有限元分析的 $-14.38\mathrm{MPa}$；衬砌外表面混凝土环向拉应力最大值为 $-3.65\mathrm{MPa}$，小于平面有限元分析的 $-4.34\mathrm{MPa}$（图 1.38、图 1.39）。

预应力钢绞线最小拉应力为 $935\mathrm{MPa}$，最大拉应力为 $1011\mathrm{MPa}$，与平面有限元分析结果基本相同。

衬砌结构整体最大位移位于衬砌结构顶部，靠近两端的顶部位移大于中间区段，其数值为 $1.18\mathrm{mm}$，但均小于平面有限元分析的 $2.28\mathrm{mm}$。

根据上述有限元分析结果，隧洞垂直于长度方向上各环形断面的环混凝土向应力，除因隧洞两端自由、约束较弱导致其应力略有增减外，在其余断面上基本保持不变，隧洞衬砌预应力混凝土技术方案满足设计要求。平面有限元数值模型和三维有限元数值模型的计

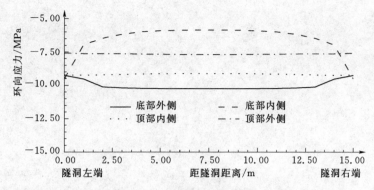

图 1.37　施工期荷载组合衬砌沿轴向各断面的顶底面环向应力

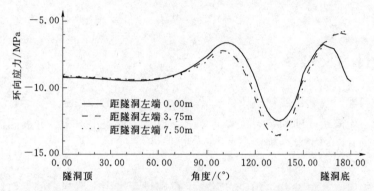

图 1.38　施工期荷载组合衬砌沿轴向各断面内表面环向应力

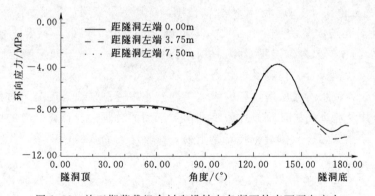

图 1.39　施工期荷载组合衬砌沿轴向各断面外表面环向应力

算成果略有差异，三维有限元数值模型的环向拉应力数值偏大，但两者基本保持一致，说明采用平面有限元数值模型进行衬砌的应力计算分析是可行的。

第 2 章

隧洞预应力衬砌洞内
试验段研究

2.1 试验目的及内容

考虑到隧洞埋深浅、沿线地质条件变化复杂，为保证工程在施工、运行、检修等各种工况荷载作用下均满足强度和抗裂抗渗的要求，提高工程使用寿命，开展隧洞预应力衬砌专项试验研究具有重要工程和理论价值。

主要试验内容包括：

（1）确定预应力孔道参数。预应力混凝土衬砌设计采用规范规定的无粘结预应力钢绞线的孔道摩擦系数 0.12 和孔道偏差系数 0.004，但由于钢绞线生产厂家和工程施工等方面的原因，此系数值实际上具有一定的变动范围。统计结果表明，孔道摩擦系数在 0.045～0.15 之间变化，孔道偏差系数在 0.001～0.0066 之间变化。因此，结合大伙房水库输水（二期）工程隧洞预应力衬砌工程实际，进行孔道摩擦试验，对于确定钢绞线张拉伸长控制值，建立与设计相符合的衬砌受力状态是非常重要的。

（2）验证设计成果。大伙房水库输水（二期）工程隧洞预应力混凝土衬砌试验段实测分析结果，可用于验证结构计算设计假定和参数选用的合理性及计算结果的可靠性，如预应力筋的张拉摩擦损失、张拉端偏转器摩阻损失、预应力筋张拉顺序等，为完善设计提供依据。

（3）施工工艺与经验积累。积累隧洞衬砌施工的预应力筋束下料长度、编束方法、布设和定位，锚具槽成型、安装和定位，预应力筋张拉，锚具槽封堵的施工程序及操作方法。确定无粘结预应力筋束的伸长值和摩擦系数、锚块滑移量、无粘结预应力筋张拉偏转器摩擦损失，测试无粘结预应力筋锁定后锚块处的有效预压力。观察因预应力张拉施工引起的洞径方向上的衬砌变形、衬砌和岩石之间的缝隙宽度。研究锚具槽对结构内力的影响规律，分析张拉前（后）混凝土和钢筋的应力、应变变化规律，总结模板台车运行工艺和开窗方式，混凝土的浇筑方法与质量控制，锚具槽回填混凝土质量控制等工程施工经验，改进完善施工工艺和施工方法，以达到熟练施工工艺、锻炼施工队伍的作用。

2.2 隧洞衬砌试验段概况

2.2.1 试验段位置

综合考虑隧洞预应力衬砌受力状态、施工便利及围岩地质情况等因素，选取试验段位置在隧洞桩号 29+077～29+098 处，共有 2 个衬砌段，每段长 10.5m。衬砌厚度为 0.5m，锚具槽中心间距取 0.4m，锚固端与张拉端混凝土包角为 $2 \times 360° = 720°$。预留内槽口长度为 1.3m，中心深度为 0.22m，宽度为 0.20m。为对比分析不同锚具槽夹角对隧洞预应力衬砌内力分布的影响，试验段 1（隧洞桩号 29+087.5～29+098）锚具槽 40°交替布置，试验段 2（隧洞桩号 29+077～29+087.5）锚具槽 45°交替布置，横断面如图 2.1 所示。

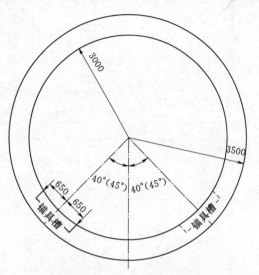

图 2.1 隧洞预应力混凝土衬砌试验段横断面图（单位：mm）

2.2.2 原材料技术要求

（1）衬砌混凝土。C40W12F150，骨料采用二级配。混凝土轴心抗压强度标准值 $f_{ck} = 27.0$MPa、设计值 $f_c = 19.5$MPa，混凝土轴心抗拉强度标准值 $f_{tk} = 2.45$MPa，弹性模量 $E_c = 3.25 \times 10^4$MPa，泊松比 $\nu_c = 0.167$。

（2）钢绞线。环氧涂层无粘结预应力钢绞线，标准强度为 1860N/mm²，Ⅱ级松弛。每根钢绞线公称直径为 15.24mm，公称断面面积 139mm²，破坏荷载（单根）$F_{ptk} = 260.4$kN，弹性模量为 1.95×10^5MPa。钢绞线的高强 PE 套管的厚度不小于 1.5mm，孔道偏差系数 K 不大于 0.004，钢绞线与 PE 套管之间的摩擦系数 μ 不大于 0.10。

（3）钢筋。标准热轧Ⅱ级钢筋。

（4）锚具。锚具、夹具及张拉设备应符合现行相关规范的要求。锚具应满足分级张拉和补张拉的要求，工程实际选用 HM15-6 锚具。同时，要求千斤顶和偏转器的摩擦损失不大于 9‰σ_{con}。

（5）止水材料。伸缩缝内设置橡胶止水带（规格：350×10mm，三元乙丙橡胶止水带，两侧翼缘上带有膨胀止水线）、闭孔泡沫塑料板，表面嵌塞双组分聚硫密封胶。

2.2.3 试验段钢筋布设

基于大伙房水库输水（二期）工程隧洞预应力衬砌设计成果，隧洞预应力衬砌试验段 No.1 和试验段 No.2 钢筋布置如图 2.2 所示。

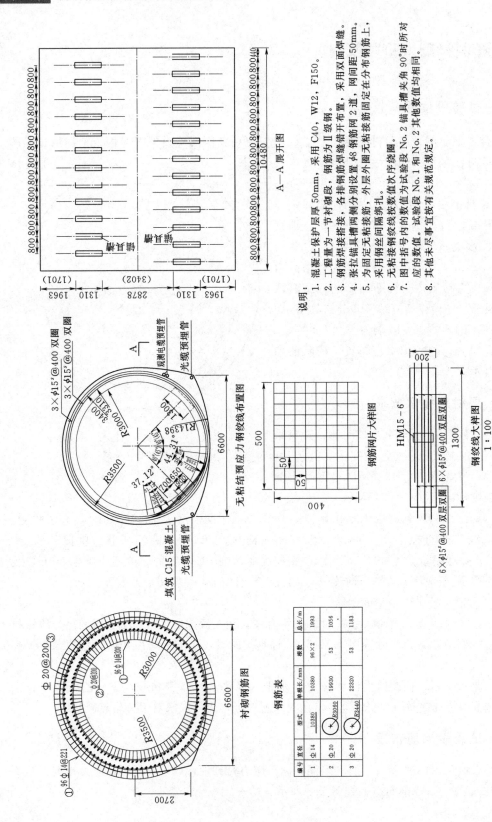

说明：
1. 混凝土保护层厚 50mm，采用 C40，W12，F150。
2. 工程量为一节衬砌段，钢筋为 Ⅱ 级钢。
3. 钢筋焊接搭接，各排钢筋侧搭接焊缝错开布置，采用双面焊缝。
4. 张拉锚具槽两侧设置 ϕ8 钢筋网 2 道，网间距 50mm。
5. 为固定无粘结筋，外层外圈无粘结筋定在分布钢筋上。采用钢丝间隔绑扎。
6. 无粘结钢绞线按数值次序绕圈。
7. 图中括号中的数值为试验段 No. 2 锚具槽夹角 90° 时所对应的数值。试验段 No. 1 和 No. 2 其他数值均相同。
8. 其他未尽事宜按有关规范规定。

图 2.2 隧洞预应力混凝土衬砌试验段钢筋布置

2.3 隧洞衬砌试验段测试仪器布置

为明确隧洞预应力衬砌混凝土浇筑和养护过程中混凝土温度变化及温度应力情况，分析衬砌混凝土在预应力张拉施工过程中应力变化及最终预应力的分布状况，试验段1和试验段2的测试断面与仪器布置分述如下。

2.3.1 测试断面与仪器布置

每个试验段（锚具槽夹角为40°的试验段1和锚具槽夹角为45°的试验段2）按横向和纵向布设仪器，如图2.3～图2.5所示。

1. 横断面

由于衬砌中间断面为典型受力断面，靠端部的断面应力相对较复杂，锚具槽附近区域应力集中现象最明显，因此选择测试断面如下。

1号断面：位于试验段的一端，桩号29+077.5与29+088.0；

2号断面：位于试验段的1/4部位，桩号29+079.5与29+090.0；

3号断面：位于试验段的中间部位，桩号29+082.3与29+092.8。

各断面埋设和粘贴的测试仪器主要有锚索测力计、钢筋应力计、混凝土单向应变计和双向应变计、混凝土应变片、土压力计和无应力计等。

此外，在每个断面上设4支测缝计，用以观测施加预应力时衬砌与围岩间的变形情况。

2. 纵断面

在衬砌顶拱（90°）和拱腰（0°）纵断面上一定范围内，每间隔400mm沿内表面布设纵向混凝土应变计，沿内层纵向钢筋间隔800mm布设钢筋应力计。

2.3.2 测试元件数量

测试元件名称及数量见表2.1，除第1、第5项外，其他所有元件均为预埋元件，可用于长期试验观测，第1项锚索测力计的测试线路也应随预埋元件一同埋设，埋设通道布设根据现场情况确定。第5项为预应力张拉施工试验过程的短期观测元件，在张拉施工前布设。

表 2.1　　　　　　　　隧洞预应力混凝土衬砌试验段测试元件数量表

序号	测 量 项 目	数量	测 试 仪 器
1	预应力筋有效预应力测量	6×2	锚索测力计（250kN级）
2	钢筋应力测量	48×2	钢筋应力计（直径同被连接钢筋）
3	衬砌混凝土应力测量（同时测温）	32×2	混凝土单向应变计（标距150mm）
4	衬砌混凝土应力测量（同时测温）	4×2	混凝土双向应变计（标距150mm）
5	衬砌混凝土表面应变测量	70×2	箔基混凝土应变片（标距100mm）
6	衬砌与围岩缝面开度测量（同时测温）	5×2	测缝计（12mm级）
7	衬砌与围岩接触压力测量	5×2	土压力计（1.6MPa级）
8	衬砌混凝土自身应变量的测量	6×2	无应力计

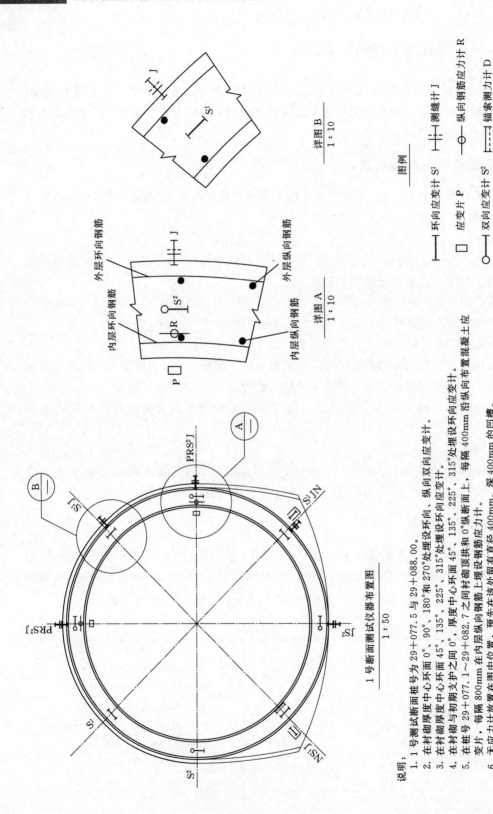

说明：
1. 1号测试断面桩号为 29+077.5 与 29+088.00。
2. 在衬砌厚度中心环面 0°、90°、180°和 270°处埋设环向、纵向双向应变计。
3. 在衬砌厚度中心环面 45°、135°、225°、315°处埋设环向应变计。
4. 在衬砌与初期支护之间 0°、45°、135°、225°、315°处埋设环向应变计。
5. 在桩号 29+077.1～29+082.7 之间衬砌顶拱和 0°纵断面上，每隔 400mm 沿环向布置混凝土应变片，每隔 800mm 在内层纵向钢筋中位置、预先在该处留有直径 400mm、深 400mm 的凹槽。
6. 无应力计放置在图中位置，各安装锚索测力计 1 支。
7. 在环向锚索固定端两侧的 3 根锚索中间的一根上，设锚索测力计。

图 2.3　隧洞预应力混凝土衬砌试验段 1 号断面测试仪器布置图

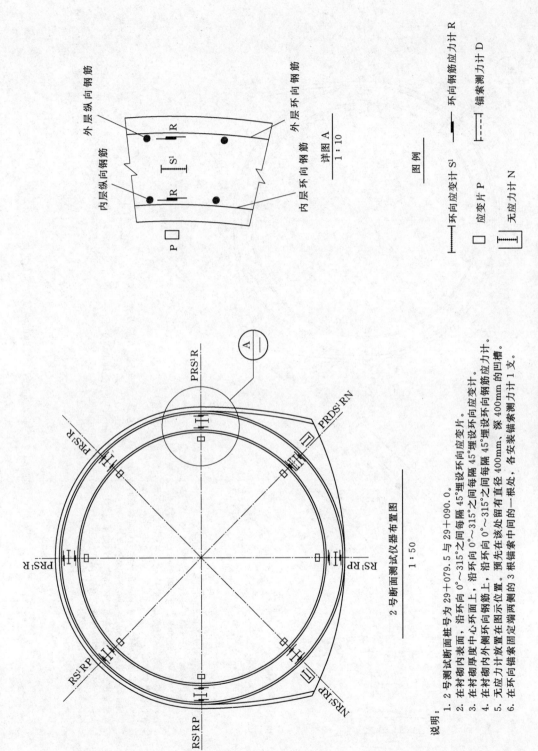

图 2.4 隧洞预应力衬砌试验段 2 号断面测试仪器布置图

说明：
1. 2 号测试断面桩号为 29＋079.5 与 29＋090.0。
2. 在衬砌内表面，沿中心环面上，沿环向 0°～315°之间每隔 45°埋设环向应变片。
3. 在衬砌厚度中心处，沿环向 0°～315°之间每隔 45°埋设环向应变片。
4. 在衬砌内外侧环向钢筋上，沿环向 0°～315°之间每隔 45°埋设环向钢筋应力计。
5. 无应力计放置在图示位置。预先在该处留有直径 400mm、深 400mm 的凹槽。
6. 在环向锚索固定端两侧锚索中间的 3 根锚索测力计 1 支。

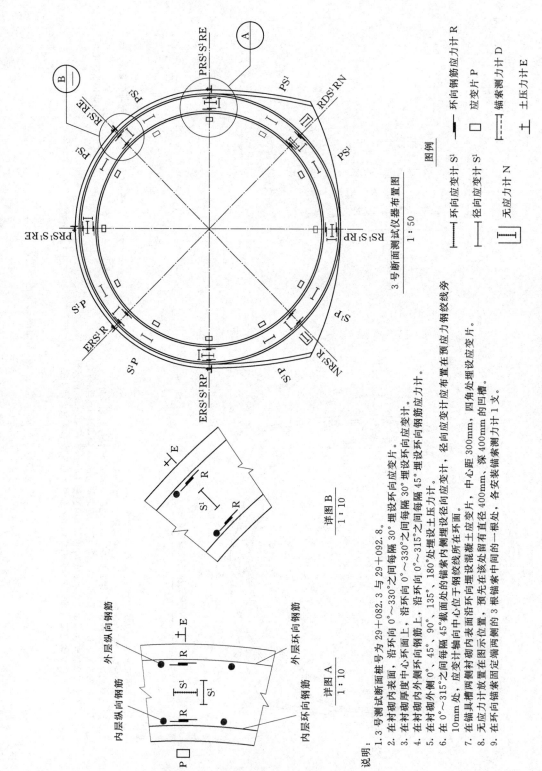

图 2.5　隧洞预应力衬砌试验段 3 号断面测试仪器布置图

说明：

1. 3 号测试断面桩号为 29＋082.3 与 29＋092.8。
2. 在衬砌内表面，沿环向 0°～330°之间每隔 30°埋设环向应变片。
3. 在衬砌厚度中心环面上，沿环向 0°～330°之间每隔 30°埋设环向应变计。
4. 在衬砌内外侧环向钢筋上，沿环向 0°～315°之间每隔 45°埋设环向钢筋应力计。
5. 在衬砌外侧 0°、45°、90°、135°、180°处埋设土压力计。
6. 在 0°～315°之间每隔 45°截面处的锚索侧埋设混凝土径向应变计，径向应变计应布置在预应力钢绞线旁 10mm 处，应变计轴向位于钢绞线所在环面。
7. 在锚具槽两侧衬砌环向埋设混凝土应变片，中心距 300mm，四角处埋设应变片。
8. 无应力计放置在该图示位置，预先在该处留有直径 400mm、深 400mm 的回槽。
9. 在环向锚索锚固定端两侧埋设的 3 根锚索中间的一根处，各安装锚索测力计 1 支。

2.4　隧洞衬砌试验段施工

2.4.1　仪器率定及场外检测

（1）埋设仪器率定。在隧洞开挖结束、隧洞衬砌施工前，对需要埋设的锚索测力计、钢筋应力计、测缝计、土压力计、无应力计以及混凝土应变计分别进行场外检测，确定相关测试元件的率定图表。

（2）张拉系统率定。用于环锚的设备包括 2 个应力板、2×4 个 U 形偏转器、2 个 HOZ950/120 千斤顶等，均在入场前由第三方进行标定。张拉偏转器标定预应力损失为 $6.6\%\sigma_{con}$。

张拉偏转器摩擦损失率定装配示意如图 2.6 所示。

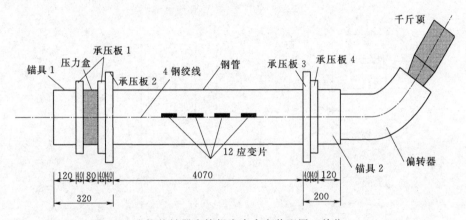

图 2.6　张拉偏转器摩擦损失率率定装配图（单位：mm）

2.4.2　衬砌施工前断面复测

隧洞衬砌施工前对断面进行复测，保证试验段所在的施工面满足设计要求。

2.4.3　无粘结预应力筋束的准备

考虑无粘结预应力钢绞线张拉端和锚固端以顶满锚具槽内模板为准，计算钢绞线的下料长度。从钢绞线卷筒中拉出相应的长度，用切割机切断。

根据无粘结预应力钢绞线位置图（图 2.7）进行编束，确定各根预应力钢绞线的相对位置，编制相应预应力钢绞线编号并在控制位置做相应标记（图 2.8），并剥离张拉端和锚固端钢绞线环氧涂层长度至设计长度，然后将成对的环形无粘结筋按"8"字形对折成小圆环，放在架子车上运至试验现场。

2.4.4　普通钢筋准备

按照普通钢筋所在圆周弧度进行内外环普通钢筋的分段加工制作。

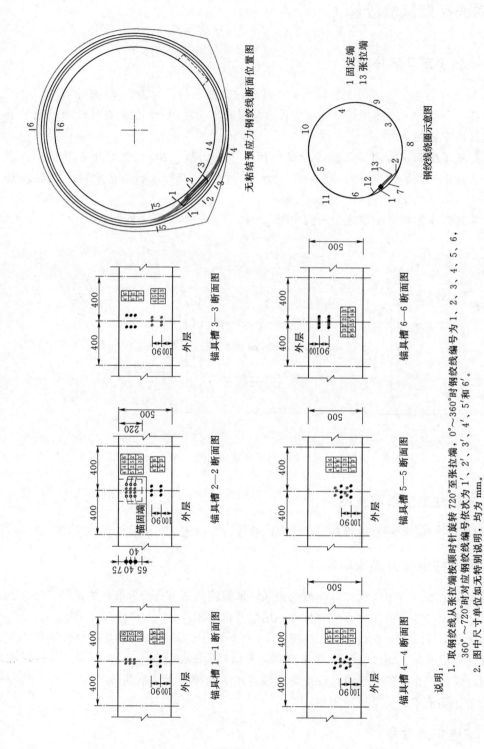

说明：

1. 取钢绞线从张拉端按顺时针旋转 720°至张拉端，0°～360°时钢绞线编号为 1、2、3、4、5、6，360°～720°时对应钢绞线编号依次为 1′、2′、3′、4′、5′和 6′。

2. 图中尺寸单位如无特别说明，均为 mm。

3. 本图均适用于锚具槽夹角为 80°和 90°的情况。

图 2.7　无粘结预应力钢绞线位置图

图 2.8　无粘结预应力钢绞线编束

2.4.5　外层钢筋和钢筋应力计安装

外层钢筋按施工图布置，定位应准确（图 2.9、图 2.10）。对需要连接钢筋应力计的钢筋需在各段标识其安装位置、顺序，并采用对焊焊接应力计连接筋，注意将测试引线整理后引至模型一侧（图 2.11、图 2.12）。

2.4.6　衬砌与围岩界面安装测缝计

按照预订位置在围岩上固定测缝计（图2.13）。

2.4.7　无粘结预应力筋束的安装

首先埋设预应力钢绞线定位辅助钢筋，然后安装外圈无粘结筋，最后安装内圈无粘结钢筋（图 2.14、图 2.15）。

图 2.9　径向定位钢筋

图 2.10　绑扎成型的外层钢筋

图 2.11　待焊接的钢筋应力计

图 2.12　焊接定位后的钢筋应力计

图 2.13　测缝计安装

图 2.14　内外层预应力钢绞线定位辅助钢筋　　图 2.15　定位成型的内外层预应力筋束

2.4.8 锚具槽模板安装

无粘结预应力筋束安装结束后，检查各序号无粘结筋在特殊托架位置准确无误后，开始锚具槽模板的安装施工（图 2.16）。

图 2.16 锚具槽模板安装施工

2.4.9 内层钢筋和应力计安装

无粘结筋及锚具槽安装结束后，进行内层钢筋的安装（图 2.17）。按照安装顺序固定带有应力计的内环钢筋，并接入钢筋应力计（图 2.18）。

图 2.17 内层钢筋安装就位

图 2.18 安装内层钢筋应力计

2.4.10　混凝土应力计和无应力计的安装

按照预定位置固定混凝土应力计和无应力计（图 2.19、图 2.20）。

图 2.19　安装混凝土应力计

图 2.20　安装无应力计

2.4.11　分缝处理、锚具槽模板封闭及数据引线布设

试验段分缝处按施工图纸要求埋置止水、伸缩缝材料。将锚具槽模板按设计要求进行封闭处理（图 2.21），并将采集测试元件数据线与采集板有效连接（图 2.22）。

2.4.12　阶段检查

对所有的无粘结筋、普通钢筋和锚具槽、测试元件的定位进行检查，确认无误后进行针梁台车模板安装定位及浇筑混凝土施工。

图 2.21 锚具槽模板封闭　　　　　　　图 2.22 数据线连接及测试

2.4.13 模板定位及安装

针梁台车模板定位并安装（图 2.23）。

图 2.23 针梁台车模板安装

2.4.14 混凝土浇筑

混凝土浇筑成型 48h 后拆除模板（图 2.24、图 2.25），拆除锚具槽模板、清除保护锚具槽的泡沫，将锚具槽凿毛处理并清孔。

2.4.15 混凝土应变片粘贴

在衬砌预应力筋张拉前粘贴混凝土应变片以测试张拉过程中衬砌混凝土内表面的应力变化（图 2.26）。

图 2.24　混凝土浇筑完成

图 2.25　混凝土拆模

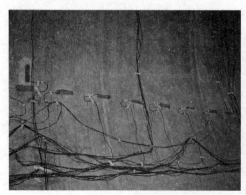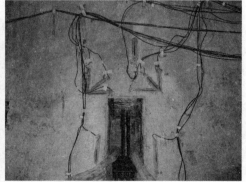

图 2.26　衬砌混凝土内表面应变片粘贴

2.5 衬砌试验段预应力筋束张拉与防护

2.5.1 张拉前准备

1. 设备准备

在正式张拉作业前，将油泵和千斤顶送至具备资格的计量机构进行配套标定，绘制油泵压力表读数（P）-千斤顶张拉力（T）对应关系曲线见图2.27。

图2.27　张拉配套油泵和千斤顶

2. 无粘结筋清理

使用小千斤顶，一端张拉单根钢绞线至锚具槽给定位置，并保证张拉端环氧涂层剥离至锚具槽上端顶部，锚固端环氧涂层剥离长度为13cm。

3. 锚具安装

将环锚体系安装至锚具槽给定位置，锚块上端表面距锚具槽顶部约30cm（图2.28）。

4. 张拉设备安装

按次序安装限位板、偏转器等，将张拉设备安装到位（图2.29）。

2.5.2 张拉施工与测量

预应力筋束张拉施工与测量流程如下：

（1）混凝土浇筑28d后进行预应力张拉。

（2）张拉前全面检查各部件的安装正确性，保证各测试元件数据采集正常，在确保安装无误后可进行后面的施工操作。锚具槽张拉作业程序按张拉顺序按照图2.30进行。

图2.28　环锚安装

沿水流方向，依次张拉钢绞线：①左侧锚具槽，0～50%设计荷载；②右侧锚具槽，0～

图 2.29　张拉设备安装

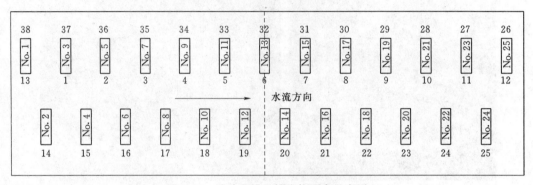

图 2.30　试验段锚具槽张拉顺序示意图

100％设计荷载；③左侧锚具槽，50％～100％设计荷载。

（3）张拉荷载以应力控制为主、伸长值校核为辅。

（4）任何两个相邻锚具槽所受拉力差值不得大于 50％，锁定后锚具位置与设计所在环形断面中心偏离不大于 6mm。

（5）无粘结钢绞线张拉的一般规定：①张拉应力为 $0.75f_{ptk}$ 即 1395MPa；②匀速加载的速度按无粘结钢绞线的应力增加 100MPa/min 的速度；③张拉起始应力为 $0.15\sigma_{con}$，达到 $1.03\sigma_{con}$ 且满足伸长要求时进行锚固。

（6）钢绞线伸长值测量（图 2.31）：①取 $0.15\sigma_{con}$ 作张拉伸长值测量基点；②张拉至

图 2.31　预应力钢绞线伸长值测量

$1.03\sigma_{con}$时，测量伸长值；③实测伸长值必须在计算值的95％～110％范围内；④张拉过程中不满足以上规定时，应立即停机查找原因，在消除故障后再恢复作业；⑤在张拉过程中，要经常检查混凝土衬砌有无异常变化，如冷缝、裂缝等；⑥根据操作规范和实际张拉情况认真做好张拉记录。

（7）仪器读数：埋在混凝土中和粘贴在混凝土表面上的所有仪器（钢筋计、混凝土应变计、测缝计、应变片等），在每束无粘结筋张拉的每个步骤锁定后，进行测试元件的自动化采集（图2.32）。

对于在锚具位置安装有矩形测力计的锚索，预应力钢绞线加载过程为$0\sim0.15\sigma_{con}$，锁定～$0.50\sigma_{con}$，锁定～$0.75\sigma_{con}$，锁定～$0.90\sigma_{con}$，锁定～$1.03\sigma_{con}$MPa，锁定。每次锁定前后，都要读取应变计读数。

2.5.3 锚具及外露无粘结钢绞线的防护

张拉完成后，用手提砂轮切割机将在锚具槽内的无粘结钢绞线多余部分进行切除。将锚具和无粘结筋表面擦拭干净，采用环氧喷涂工艺进行防护（图2.33），然后在锚具槽口进行箍筋加固。

图2.32　衬砌内外测试元件的自动化采集

图2.33　锚具与钢绞线喷涂环氧涂层防护

2.5.4 锚具槽回填混凝土

锚具槽回填采用无收缩微膨胀C40混凝土，膨胀量控制在$(1.0\sim2.0)\times10^{-4}$。在回填混凝土前，将槽内普通钢筋绑接连成整体，用高压水清除槽口内表面浮渣，涂刷混凝土粘结剂以保证新老混凝土接合良好。回填混凝土过程中应仔细捣实，外露的回填混凝土表面必须抹平，并立即进行21d湿养护。

2.6　预应力筋束摩擦系数与张拉伸长量

2.6.1　预应力损失测试流程

采用一端张拉、另一端测力的方法测定无粘结钢绞线的预应力损失，设备安装示意如图 2.34 所示，实际安装张拉端如图 2.35 所示。

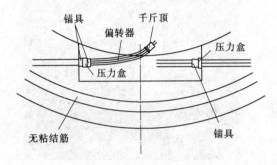

图 2.34　预应力损失测试张拉设备安装示意　　　图 2.35　预应力损失测试张拉设备安装实况

无粘结钢绞线预应力损失测试流程如下。

（1）混凝土浇筑 28d 后开始预应力损失测试。

（2）在张拉被动端安装测力计、锚具和夹片并夹紧。

（3）在张拉主动端安装测力计、偏转器、穿心式千斤顶、锚具和夹片并夹紧。

（4）在张拉主动端、被动端距锚具约 100mm 处的无粘结筋上作标记并记录。

（5）检查并记录两个测力计上所显示的初读数。

（6）张拉千斤顶并开始循环加载。

（7）张拉至 15％工作荷载，记录油压表、测力计读数及钢绞线伸长量。

（8）张拉至千斤顶最大伸出量时，记录油压表、测力计读数和钢绞线伸长量。

（9）卸载。

按照内层和外层无粘结预应力钢绞线对其预应力损失分别进行测试，然后计算钢绞线的摩擦系数，取其平均值作为该试验段无粘结钢绞线的摩擦系数。

2.6.2　无粘结预应力筋束摩擦系数

选取试验段 1 和 2 的锚具槽 No.18 和 No.20 的钢绞线作为检测对象，分别张拉内层和外层 3 根无粘结预应力钢绞线，从 15％工作荷载到千斤顶伸出至最大伸出量，实际测试结果见表 2.2 和表 2.3。

当孔道偏差系数 κ 一致的前提下，无粘结预应力钢绞线与孔道壁的摩擦系数 μ 差异较大，实测结果较规范给定的数值小得多。试验段 2 和试验段 1 存在差异主要是由于两个试验段所使用的预应力钢绞线批次不同所引起的。

表 2.2 试验段 No.1 摩擦系数测试结果

试验段编号	锚具槽编号	钢绞线位置	张拉端拉力/kN	锚固端拉力/kN	κ计算	μ计算	κ平均	μ平均	κ规范	μ规范
1	No.18	内层	160.73	76.91	0.004	0.0458				
		外层	170.13	78.93	0.004	0.0480	0.004	0.042		
	No.20	内层	157.92	89.53	0.004	0.0320				
		外层	167.38	85.88	0.004	0.0399			0.004	0.12
2	No.18	内层	164.69	70.17	0.004	0.0551				
		外层	160.81	68.37	0.004	0.0549	0.004	0.054		
	No.20	内层	176.19	75.83	0.004	0.0543				
		外层	150.63	65.33	0.004	0.0533				

2.6.3 无粘结钢绞线伸长量计算

1. 理论伸长值计算

直线＋圆弧形曲线预应力钢绞线张拉伸长值 Δl_p^c，可按下列公式计算

$$\Delta l_p^c = \Delta l_{pz}^c + \Delta l_{pq}^c = \frac{F_p}{A_p E_p}\left[l_1 + \frac{1-e^{-(\mu+\kappa r_c)\varphi_1}}{(\mu+\kappa r_c)\varphi_1}l_{pq}\right] \tag{2.1}$$

式中　Δl_{pz}^c——预应力钢绞线直线段张拉伸长值；

Δl_{pq}^c——预应力钢绞线圆弧形曲线段张拉伸长值；

F_p——预应力钢绞线张拉端的拉力；

A_p——预应力钢绞线的断面面积；

E_p——预应力钢绞线的弹性模量；

l_1——预应力钢绞线直线段长度，m；

l_{pq}——圆弧形曲线预应力钢绞线的长度，且有 $l_{pq}=\varphi_1 r_c$；

r_c——圆弧形曲线预应力钢绞线的曲率半径，m；

φ_1——圆弧形曲线的转角值，以弧度计。

据此，试验段 No.1 和试验段 No.2 取用实测摩擦系数计算的预应力钢绞线理论伸长值见表 2.3。

表 2.3 衬砌钢绞线张拉理论伸长值

试验段	摩擦系数实测值	理论伸长值（对应张拉应力为 $1.03\sigma_{con}$）		
		内层钢绞线伸长值/mm	外层钢绞线伸长值/mm	平均伸长值/mm
No.1	$\kappa_{实测}=0.004$ $\mu_{实测}=0.0415$	246.9	253.3	250.1
No.2	$\kappa_{实测}=0.004$ $\mu_{实测}=0.0544$	237.9	244.1	241.0

由表 2.3 可知，内外层钢绞线伸长值差异很小，差异量不超过 2.6%。因此，预应力钢绞线内外层 6 根同时张拉时钢绞线最大拉应力将均不超过 $0.80\sigma_{con}$，满足规范对预应力

钢绞线的施工控制要求，故同时张拉是完全可行的。

2. 实测伸长值

试验段 1 和试验 2 的实测伸长值见表 2.4 和表 2.5。试验段 No.2 锚具槽 9 的钢绞线张拉至 $1.02\sigma_{con}$ 时，其中 1 根钢绞线突然拉断，伸长量高达 265.1mm，为保证结构安全马上卸载锁定。从拉断现状分析，是由于环氧涂层剥离不干净，在钢绞线伸入锚板的楔形孔道内拥堵导致受力不均匀所引起的。

3. 张拉伸长值校核

当采用应力控制张拉时，应校核预应力钢绞线的伸长值。

考虑预应力钢绞线的弹性模量理论值与实测值存在差异，当采用弹性模量理论值计算设计伸长值、实际伸长值与设计伸长值相对偏差超过 +10% 或 −5% 时，或当采用弹性模量实测值、实际伸长值与设计伸长值相对偏差超过 ±6% 时，应暂停张拉，查明原因并采取措施予以调整后，方可继续张拉。

预应力钢绞线的实际伸长值，宜在施加初应力时开始测量，并分级记录。其伸长值可由测量结果按下式确定

$$\Delta l_p^0 = \Delta l_{p1}^0 + \Delta l_{p2}^0 - \Delta l_c \tag{2.2}$$

式中　Δl_{p1}^0——初应力至最大张拉力之间的实测伸长值；

　　　Δl_{p2}^0——初应力以下的推算伸长值，可根据弹性范围内张拉力与伸长值成正比的关系推算确定；

　　　Δl_c——固定端锚具楔紧引起的预应力钢绞线内缩量，当其值微小时，可忽略不计。

表 2.4　　　　　　　　　　试验段 No.1 的钢绞线张拉实测伸长值

锚具槽编号	1		2	3		4	5		6	7		8	9		10	11		12	13	
张拉序号	13	38	14	1	37	15	2	36	16	3	35	17	4	34	18	5	33	19	6	32
$0.15\sigma_{con}\sim0.50\sigma_{con}$ 实测伸长值/mm	88	—	—	91	—	—	84.5	—	—	92	—	—	90	—	—	82	—	—	89	—
$0.50\sigma_{con}\sim1.03\sigma_{con}$ 实测伸长值/mm	—	130	—	—	134	—	—	135	—	—	136	—	—	134	—	—	134	—	—	137
$0.15\sigma_{con}\sim1.03\sigma_{con}$ 实测伸长值/mm	218		216	225		225	219.5		226	228		226	224		222	216		210	226	
钢绞线总伸长值/mm	254.4		252.2	264.1		261.4	255.9		262.4	264.4		262.4	260.4		258.4	252.4		246.4	262.4	

锚具槽编号	14	15		16	17		18	19		20	21		22	23		24	25	
张拉序号	20	7	31	21	8	30	22	9	29	23	10	28	24	11	27	25	12	26
$0.15\sigma_{con}\sim0.50\sigma_{con}$ 实测伸长值/mm	—	91	—	—	87	—	—	90	—	—	91	—	—	85	—	—	89	—
$0.50\sigma_{con}\sim1.03\sigma_{con}$ 实测伸长值/mm	—	—	137	—	—	136	—	—	137	—	—	133	—	—	128	—	—	130
$0.15\sigma_{con}\sim1.03\sigma_{con}$ 实测伸长值/mm	219	228		209	223		216	227		222	224		223	213		223	219	
钢绞线总伸长值/mm	255.4	264.4		245.4	259.4		252.4	263.4		258.4	260.4		259.4	249.4		259.4	255.4	

注　试验段 No.1 钢绞线伸长值最大为 264.4mm，最小为 245.4mm。

表 2.5　　试验段 No.2 的钢绞线张拉实测伸长值

锚具槽编号	1	2	3	4	5	6	7	8	9	10	11	12	13
张拉序号	13　38	14	1　37	15	2　36	16	3　35	17	4　34	18	5　33	19	6　32
$0.15\sigma_{con}\sim0.50\sigma_{con}$ 实测伸长值/mm	81	—	80	—	86	—	92	—	102	—	92	—	94
$0.50\sigma_{con}\sim1.03\sigma_{con}$ 实测伸长值/mm	125	—	109	—	119	—	129	—	128	—	124	—	124
$0.15\sigma_{con}\sim1.03\sigma_{con}$ 实测伸长值/mm	206	208	189	209	205	208	221	193	230	209	216	214	218
钢绞线总伸长值/mm	241.1	243.1	235.8	244.1	240.1	243.1	256.1	228.1	265.1	244.1	251.1	249.1	253.1

锚具槽编号	14	15	16	17	18	19	20	21	22	23	24	25
张拉序号	20	7　31	21	8　30	22	9　29	23	10　28	24	11　27	25	12　26
$0.15\sigma_{con}\sim0.50\sigma_{con}$ 实测伸长值/mm	—	89	—	73	—	84	—	91	—	83	—	88
$0.50\sigma_{con}\sim1.03\sigma_{con}$ 实测伸长值/mm	—	131	—	129	—	127	—	129	—	126	—	121
$0.15\sigma_{con}\sim1.03\sigma_{con}$ 实测伸长值/mm	224	220	205	202	220	211	218	220	214	209	210	209
钢绞线总伸长值/mm	259.1	255.1	240.1	237.1	255.1	246.1	253.1	255.1	249.1	244.1	245.1	244.1

注　1. 锚具槽 3 初始张拉力为 $0.20\sigma_{con}$。

2. 锚具槽 9 张拉至 40MPa（油压表读数）时，其中一根钢绞线拉断，由环氧涂层剥离不干净致使在锚孔处咬断所致，伸长量达 265.1mm。

3. 试验段 No.2 钢绞线伸长值最大为 265.1mm，第二大值为 259.1mm，最小为 228.1mm。

　　试验段 No.1 和试验段 No.2 的钢绞线伸长值校核，见表 2.6。可以看出，试验段 No.1 的钢绞线伸长值满足设计要求，实测伸长平均值为 257.5mm，环锚锚块平均向上滑移 128.8mm。试验段 No.2 锚具槽 9 中有一根钢绞线拉断，其伸长值达到设计伸长值上限，其余最大伸长值均满足设计要求；锚具槽 8 伸长值小于设计伸长值下限，疑为无粘结钢绞线 PE 套管内油脂泄露导致摩擦过大所引起的，其余最小伸长值均满足设计要求；排除锚具槽 8 和锚具槽 9，实测伸长值平均值为 247.4mm，环锚锚块平均向上滑移 123.7mm。

表 2.6　　钢绞线张拉伸长值校核表

试验段	设计伸长值 Δl/mm	设计伸长值下限 $0.95\Delta l$/mm	设计伸长值上限 $1.1\Delta l$/mm	实测最大伸长值 $\Delta l_{p,max}^{0}$/mm	实测最小伸长值 $\Delta l_{p,min}^{0}$/mm	校核结果
No.1	250.1	237.6	275.1	264.4	245.4	满足要求
No.2	241.0	228.9	265.1	265.1（锚具槽 9）	228.1（锚具槽 8）	锚具槽 8、9 不满足要求

2.6.4　几个尺寸的确定

1. 环锚锚块安装位置

由于环锚锚块张拉至张拉控制应力后，试验段 No.1 环锚锚块平均向上滑移

128.8mm，试验段 No.2 环锚锚块平均向上滑移 123.7mm。为保证环锚锚固后在锚块固定端与锚具槽顶端面有一定的空间以便于防护封锚等操作，要求该距离不小于 150mm（图 2.36），则安装锚块时，锚块固定端与锚具槽顶端面的距离不应小于 280mm。实际施工时，考虑到施工误差可取该距离为 300mm。具体操作时，可在相应位置弹出墨线标志，以便于检查环锚安装位置的正确性。

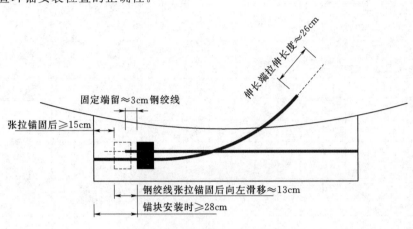

图 2.36　环锚安装位置示意图

2. 钢绞线锚固搭接长度

根据锚具公司提供的环锚张拉设备操作要求，锚块张拉端面到钢绞线张拉末端预留长度不应小于 1100mm，否则工具锚将不能夹持住预应力钢绞线。考虑锚块厚度为 100mm，张拉完成后锚块锚固端到锚具槽顶端面距离 ≥150mm，锚块固定端与锚具槽顶端面的距离为 300mm，则钢绞线张拉末端至锚具槽顶端面的距离 $L_{张拉端}$ ≥1100mm＋100mm＋300mm＝1500mm。而锚具槽仅有 1300mm 长，则钢绞线锚固搭接长度 $L_{搭接}$ ≥1500mm－300mm＋30mm（锚固端预留长度）＝1230mm。

考虑施工误差及施工的方便性，钢绞线张拉端和锚固端均顶满锚具槽放置，即取钢绞线搭接长度为 1300mm。

在安装锚块前，使用小千斤顶将钢绞线向锚块张拉端拉出 27cm，保证钢绞线锚固端到锚具槽顶端面距离为 27cm。

3. 钢绞线环氧涂层剥离长度

由于衬砌试验段预应力钢绞线为环氧涂层无粘结预应力钢绞线，锚具采用非环氧涂层钢绞线夹持锚具，施工时需要剥除相应长度的环氧涂层方可进行张拉施工。

对于锚固端，考虑到锚固端钢绞线伸出约 30mm，环锚锚块厚度 100mm，则锚固端 PE 套管可切除 150mm，环氧涂层剥离长度为 140mm。

对于张拉端，伸长端钢绞线锁定后相对于锚块伸长量约为 260mm，则环氧涂层剥离的最小长度为 1300mm＋（300mm－30mm）（小千斤顶调整出来长度）－300mm＋260mm＝1530mm。考虑施工误差，张拉端 PE 套管可切除 1550mm，环氧涂层剥离长度为 1550mm。

无粘结预应力钢绞线 PE 套管切除和环氧涂层剥离可在工厂依据下料长度直接处理好

运至现场施工，以节省施工难度，更有利于保证张拉锚固质量。

2.7 隧洞预应力衬砌试验段测试成果分析

以预应力筋束张拉施工前的受力状态为初始状态，即不考虑结构自重影响，分析了预应力筋束张拉前后隧洞预应力衬砌试验段 No.1 和 No.2 的混凝土和钢筋应力、应变增量实测成果。

为便于说明，取顺水流方向为观察方向，将隧洞衬砌从顶部沿逆时针方向 360°展开为平面图，试验段 No.1 左右两锚具槽中心线分别对应于平面展开图 140°和 220°位置，试验段 No.2 左右两侧锚具槽中心线分别对应于平面展开图 135°和 225°；钢筋应力按钢筋与混凝土两种材料的弹性模量之比换算为同一位置的混凝土应力，并统一规定应力数值拉为正，压为负。

2.7.1 环向应力分析

预应力筋束张拉完成后，隧洞试验段 No.1、No.2 的衬砌中心环（$r = 3.25\mathrm{m}$）混凝土环向应力分布如图 2.37 和图 2.38 所示。

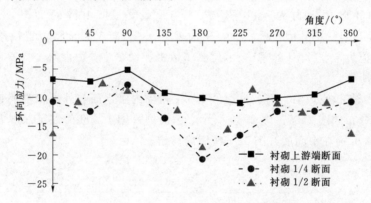

图 2.37 试验段 No.1 的衬砌中心环混凝土环向应力分布

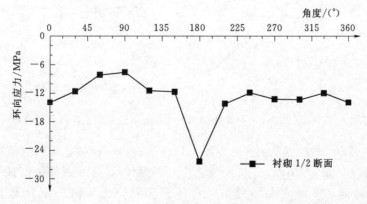

图 2.38 试验段 No.2 的衬砌中心环混凝土环向应力分布

由图 2.37 可知，隧洞衬砌上游端断面（桩号 29+088.0）中心环（$r=3.25\text{m}$）混凝土环向应力分布较为均匀，其平均环向压应力为 -8.56MPa；平面展开图 140°位置为左侧锚具槽中心线，衬砌上游端断面与该锚具槽横向对称断面相距 0.05m，受锚具槽开槽影响，该部位应力复杂、应力梯度变化大，但混凝土应变计实际设置位置并不在理论设定的锚具槽槽底，实测环向压应力为 -9.14MPa，与其他部位相差不大。平面展开图 90°位置中心环混凝土环向压应力最小，仅有 -5.12MPa，这可能是由于混凝土应变计在衬砌浇筑过程中位置向内偏移使 $r<3.25\text{m}$ 所致；衬砌中心环混凝土环向应力最大值为 -10.91MPa，位于 225°位置。总体上讲，隧洞衬砌上游端断面中心环混凝土环向压应力分布是均匀的。隧洞衬砌 1/4 断面（桩号 29+090.0）和 1/2 断面（桩号 29+092.8）中心环（$r=3.25\text{m}$）底部混凝土环向压应力分别可达 -20.75MPa 和 -18.76MPa，数据异常；排除该点后，隧洞衬砌 1/4 断面和 1/2 断面中心环混凝土平均环向压应力分别为 -12.05MPa 和 -11.25MPa，大于衬砌上游端断面，与衬砌节段两端混凝土约束较弱相对应。衬砌下半圆环的环向压应力较大，可能与因混凝土在浇筑过程中受流态混凝土作用，混凝土应变计在管底位置向衬砌外侧移动、在锚具槽位置向衬砌内侧移动有关。

由图 2.38 可知，试验段 No.2 隧洞衬砌 1/2 断面中心环底部混凝土环向压应力达 -26.31MPa，数据异常；排除该点，隧洞衬砌 1/2 断面中心环混凝土环向应力分布较为均匀，其平均环向压应力为 -11.72MPa，与试验段 No.1 同断面平均环向压应力 -11.25MPa 相当。受锚具槽开槽影响，平面展开图 90°即左侧管腰位置混凝土环向压应力较小，其数值为 -7.57MPa。其余部位测试数据波动，主要由混凝土计安装位置与预定安装位置偏差所致。

预应力筋束张拉完成后，隧洞试验段 No.1 衬砌内层钢筋和外层钢筋所在环对应的混凝土环向应力分布如图 2.39、图 2.40 所示。预应力衬砌 1/4 断面在平面展开图中 220°横切锚具槽，1/2 断面在平面展开图 140°横切锚具槽。

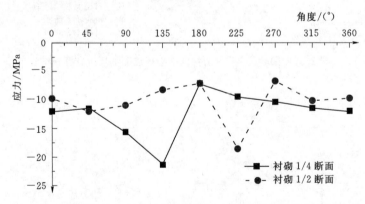

图 2.39　试验段 No.1 衬砌内层钢筋所在环对应混凝土环向应力分布

由图 2.39 可知，内层钢筋所在环混凝土环向压应力在同侧相邻锚具槽之间部位数值最大，1/4 断面为 -21.39MPa，1/2 断面为 -18.61MPa，两者锚具槽位置相对，变化规律基本一致。衬砌 1/4 断面内层钢筋所在环管底混凝土环向压应力最小，其数值为 -7.12MPa，衬砌 1/2 断面内层钢筋所在环的混凝土环向压应力为 -7.13MPa，平面展开

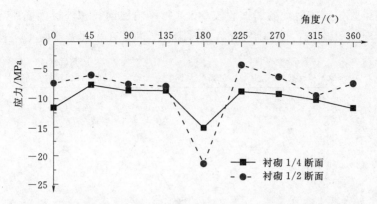

图 2.40　试验段 No.1 衬砌外层钢筋所在环对应混凝土环向应力分布

图 270°混凝土环向压应力达最小值－6.73MPa，与钢筋计偏离理论安装位置有关；衬砌 1/4 断面内层钢筋所在环的上半圆环混凝土平均环向压应力为－12.20MPa，衬砌 1/2 断面内层钢筋所在环的上半圆环混凝土平均环向压应力为－9.92MPa，1/2 断面小于 1/4 断面。尽管两个断面的数值存在一定的差异，但两断面的环向压应力变化是一致的。

由图 2.40 可知，外层钢筋所在环平面展开图 180°即管底对应的混凝土环向压应力 1/4 断面为－15.10MPa，1/2 断面为－21.38MPa，均达到相应环的最大值；衬砌 1/4 断面外层钢筋所在环混凝土平均环向压应力为－9.93MPa，右侧锚具槽中心线附近混凝土环向压应力达较小值－8.73MPa；衬砌 1/2 断面外层钢筋所在环混凝土平均环向压应力为－8.71MPa，锚具槽中心线附近混凝土环向压应力均较小，右侧达最小值－4.12MPa。

预应力筋束张拉完成后，隧洞试验段 No.1 衬砌内表面混凝土环向应力分布如图 2.41 所示。1/4 断面平面展开图 140°锚具槽中心线所在位置内表面混凝土环向压应力最大值可达－20.13MPa，1/2 断面平面展开图 220°锚具槽中心线所在位置内表面混凝土环向压应力最大值可达－23.39MPa；衬砌上半圆环环向应力相对较为均匀，1/4 断面上半圆环内表面混凝土环向应力平均值为－10.06MPa，1/2 断面上半圆环内表面混凝土环向应力平均值为－8.96MPa。管底因积水，混凝土应变片无法粘贴而取消。

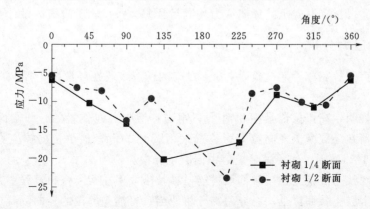

图 2.41　试验段 No.1 衬砌内表面混凝土环向应力分布

预应力筋束张拉完成后,隧洞试验段 No.2 衬砌内层钢筋和外层钢筋所在环对应混凝土环向应力分布如图 2.42、图 2.43 所示。衬砌 1/2 断面在平面展开图 135°横切锚具槽。

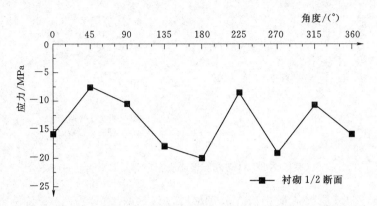

图 2.42　试验段 No.2 衬砌内层钢筋所在环对应混凝土环向应力分布

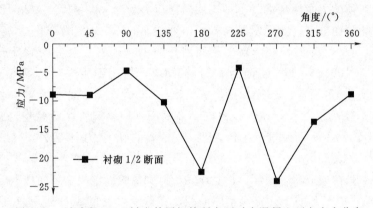

图 2.43　试验段 No.2 衬砌外层钢筋所在环对应混凝土环向应力分布

据此实测结果,管壁混凝土环向压应力在上半圆环较小,下半圆环因受锚具槽开槽影响致使环向压应力局部位置较大,最大可达 -23.39MPa,但仍小于 $0.9f'_{ck} = -0.9 \times 27 = -24.3\text{MPa}$。

因此,试验段衬砌混凝土的环向应力均满足预应力张拉施工阶段的设计要求。

2.7.2　径向应力分析

预应力筋束张拉完成后,试验段 No.1 衬砌的钢绞线所在环混凝土径向应力分布如图 2.44 所示。

实测结果表明,在张拉锚具槽相对另一侧锚具槽中心线位置处,即平面展开图 220°位置,钢绞线所在环混凝土径向拉应力达最大值 3.40MPa,最小径向拉应力位于管腰区域,其数值为 1.74MPa,均不满足规范中混凝土径向拉应力小于 $0.7\gamma f'_{tk} = 1.72\text{MPa}$ 的要求,无粘结钢绞线与混凝土相接触部位可能已被拉裂。但在实际张拉过程中并未有任何异常现象发生,混凝土各部位也均无异象。分析原因,可能是埋设的径向混凝土计直接靠着钢绞线进行绑扎固定,当张拉预应力钢绞线时,由于变形协调,在接触面位置必将存在一

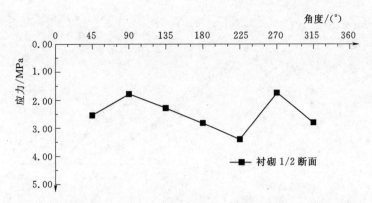

图 2.44 试验段 No.1 衬砌的钢绞线所在环混凝土径向应力分布

定的应力集中，致使极小范围内混凝土被拉裂，但该开裂范围很小且裂缝开展稳定，稍微离开钢绞线位置，该径向拉应力将会迅速降低。

因此，在进行管壁混凝土径向混凝土计安装时，应仔细检查径向位移计的绑扎位置，否则仪器测定结果将误导结构受力状态的判定。

2.7.3 纵向应力分析

预应力筋束张拉完成后，隧洞试验段 No.1 衬砌上游断面（桩号 29＋088.0）中间环混凝土纵向应力分布如图 2.45 所示，顺水流方向衬砌内表面混凝土纵向应力分布如图 2.46 所示。

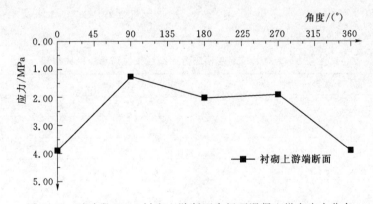

图 2.45 试验段 No.1 衬砌上游断面中间环混凝土纵向应力分布

图 2.45 表明，试验段 No.1 衬砌上游断面中间环混凝土纵向拉应力在管顶位置最大，实测数值达 3.90MPa。一旦存在如此大的纵向拉应力，在该横断面将会出现显著的环向裂缝，但在整个张拉过程中并未发现任何裂缝产生，也无数值出现异常。其余部位纵向拉应力均小于混凝土轴心抗拉强度标准值 $f_{tk}=2.45$MPa，但超过了施工阶段混凝土法向拉应力的限值 $0.7f'_{tk}=1.72$MPa。

图 2.46 表明，试验段 No.1 顺水流方向管顶和管腰内表面混凝土纵向应力变化规律基本一致，局部呈现混凝土纵向拉应力过大现象。通过实际观察，在整个张拉过程中，内表面并未出现任何环向裂隙。

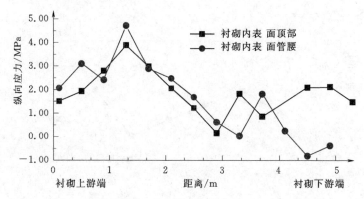

图2.46 试验段No.1衬砌内表面混凝土纵向应力分布

2.7.4 围岩接触压力

试验段No.1衬砌1/2断面上半圆环外表面设置了土压力计，实测结果表明预应力钢绞线张拉前后围岩压力数值变化较小，表明衬砌混凝土浇筑完成至达到设计强度完成张拉预应力筋束后，由于结构本身凝固收缩，使得衬砌混凝土上半圆环已经与围岩分离。

因此，预应力张拉阶段不考虑上部围岩压力的作用是合理的。

2.7.5 径向裂隙

试验段No.1衬砌的一端（桩号29+088.0），在衬砌外表面沿环向安装了测缝计，实测数据见表2.7。

表2.7　　　　试验段No.1衬砌一端在预应力钢绞线张拉前后的径向裂隙

序号	位置	张拉前测缝计读数/mm	张拉后测缝计读数/mm	张拉前后变化/mm
1	0°	1.5	2.65	1.15
2	180°	0.18	2.37	2.19
3	225°	0.07	0.13	0.06
4	270°	0.11	0.13	0.02
5	315°	0.1	1.53	1.43
6	360°	1.5	2.65	1.15

预应力筋束张拉前，受混凝土收缩影响，衬砌与围岩结合面已产生裂隙，管顶最大裂隙可达1.5mm，管底也呈现出与围岩脱离的现象，其裂隙值达0.18mm。预应力筋束张拉完成后，衬砌与围岩的裂隙不断增大，在管顶位置缝隙达最大值2.65mm，除支撑自重的局部区域外，衬砌上部与围岩基本脱离，其中管底缝隙的变幅最大，数值为2.19mm，说明管底衬砌已与下部围岩脱离。

因此，在施工阶段将衬砌混凝土作为不考虑围岩和衬砌界面拉力，仅考虑局部支撑压力的空心管道是合理的。由于预应力钢绞线张拉完成后缝隙较大，围岩和衬砌界面必须进行压浆处理。

第 3 章

隧洞预应力混凝土衬砌
优化设计分析

3.1 优化设计分析的主要影响因素

基于前述的隧洞衬砌有限元分析与试验段测试成果，本章进行了隧洞衬砌优化设计分析，以便得到较优的隧洞衬砌预应力混凝土设计成果。考虑的主要影响因素为：

（1）围岩弹性抗力系数。结合围岩的实际开挖状况，外水压力取 4 个典型设计断面的最大值，改变围岩弹性抗力系数分别为 1.0MPa/cm、1.5MPa/cm、2.0MPa/cm 和 2.5MPa/cm。

（2）预应力钢绞线摩擦系数。预应力钢绞线与规范给定值有较大偏差，影响预应力钢绞线的配置。根据试验段的测试结果，计算分析时取 $\mu = 0.06$，$\kappa = 0.004$。

（3）确定预应力钢绞线单层双圈和双层双圈布置对隧洞衬砌内力分布的影响，明确隧洞衬砌管壁均匀与不均匀对受力的优劣性。

（4）进一步明确预应力隧洞 40°和 45°槽口时内力分布的差异。

优化设计采用的固结灌浆压力为 0.3MPa。

3.2 围岩弹抗变化对衬砌受力性能的影响

3.2.1 钢筋布置及槽口设置

选取围岩弹性抗力系数 $K = 1.0$MPa/cm、1.5MPa/cm、2.0MPa/cm 或 2.5MPa/cm，分别确定其预应力钢绞线用量。

经反复调试计算兼顾施工方便，确定预应力筋束采用高强低松弛 1860 级 $4 \times \phi^s 15.24$ 无粘结预应力钢绞线，公称断面面积 $A_p = 4 \times 139$mm²；围岩弹性抗力系数 $K = 1.0$MPa/cm 和 1.5MPa/cm 时，预应力筋束中心间距为 300mm；围岩弹性抗力系数 $K = 2.0$MPa/cm 和 2.5MPa/cm 时，预应力筋束中心间距为 350mm；预应力筋束布置方案采用单层双圈和环锚支撑变角张拉，环锚锚板锚固端和张拉端各设 4 个锚孔，4 根钢绞线从锚固端起始沿衬砌环绕 2 圈后进入张拉端，钢绞线锚固端与张拉端的包角为 $2 \times 360°$。预留内槽口长度为

1.3m，中心深度为 0.15m，宽度为 0.20m，左右两侧锚具槽位置相对圆心夹角取 80°。单层双圈无粘结预应力钢绞线布置和槽口设置如图 3.1 所示。普通钢筋的用量及布置同原设计。

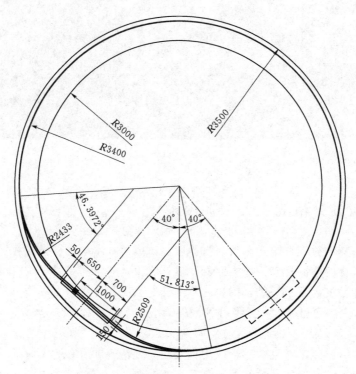

图 3.1 预应力钢绞线布置和槽口设置（单位：mm）

3.2.2 有限元数值模拟

采用通用有限元分析软件 ANSYS 进行平面应变有限元数值模拟计算分析，数值模型的建立方法同 2.6.1 节。此处不同的是根据围岩弹性抗力系数 $K = 1.0\text{MPa/cm}$、1.5MPa/cm、2.0MPa/cm 和 2.5MPa/cm，分别改变数值模型外侧各结点上弹簧单元的弹性系数。

3.2.3 隧洞衬砌受力性能对比分析

1. 正常使用极限状态作用（荷载）效应长期组合

围岩弹性抗力系数不同时，隧洞衬砌混凝土的径向应力状态是一致的，在预应力筋束环面内侧混凝土出现最大径向压应力，围岩弹性抗力系数 $K = 1.0\text{MPa/cm}$ 和 1.5MPa/cm 时数值相当，均在 -0.98MPa 左右，围岩弹性抗力系数 $K = 2.0\text{MPa/cm}$ 和 2.5MPa/cm 时数值相当，均在 -0.89MPa 左右。围岩抗力系数 $K = 1.0\text{MPa/cm}$ 时，在预应力筋束环面外侧混凝土出现很小的拉应力，数值仅为 0.002MPa；其他围岩情况衬砌混凝土未出现拉应力。

当围岩弹性抗力系数不同时，隧洞衬砌混凝土沿环向均处于受压状态，环向应力状态是一致的（图3.2、图3.3）。衬砌混凝土上半圆环的环向压应力分布较为均匀，在下半圆环和锚具槽出环向应力分布均匀性较差且应力变化较为剧烈。上半圆环顶部衬砌内表面压应力较外表面要小，30°拱腰处则外表面环向压应力较内表面要小；围岩弹性抗力系数 $K=$ 1.0MPa/cm、1.5MPa/cm、2.0MPa/cm 和 2.5MPa/cm 时，最小值依次为 -3.15MPa、-3.32MPa、-2.55MPa 和 -2.66MPa，最大值依次为 -5.30MPa、-5.32MPa、-4.42MPa和-4.47MPa。下半圆环衬砌底部外表面混凝土环向压应力最大，对应上述围岩弹性抗力系数依次达到-7.39MPa、-7.31MPa、-6.12MPa 和 -6.12MPa，内表面环向压应力最小，对应上述围岩弹性抗力系数依次为 -0.002MPa、-0.34MPa、-0.11MPa和-0.27MPa；在锚具槽位置处，压应力变化剧烈，但是影响范围较小；衬砌内外表面混凝土环向压应力变化较大，内表面较外表面要大；对应上述围岩弹性抗力系数的最大环向压应力依次为-7.19MPa、-7.37MPa、-6.12MPa 和 -6.26MPa，相应位置衬砌外侧混凝土环向压应力为-0.67MPa、-0.72MPa、-0.41MPa 和-0.46MPa。

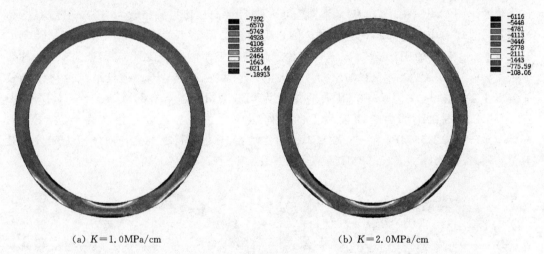

(a) $K=1.0$MPa/cm　　　　　　　　　(b) $K=2.0$MPa/cm

图3.2　作用（荷载）效应长期组合衬砌混凝土环向应力分布云图（单位：kPa）

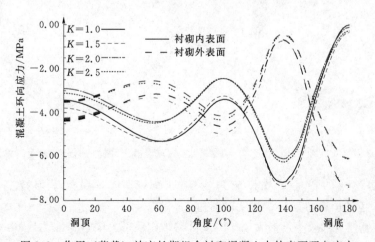

图3.3　作用（荷载）效应长期组合衬砌混凝土内外表面环向应力

预应力钢绞线的最小平均拉应力为 725～731MPa，最大平均拉应力为 1020～1030MPa，未超过预应力钢绞线强度设计值。

衬砌结构整体变形较小，最大位移位于衬砌结构顶部。围岩弹性系数 $K=1.0$MPa/cm、1.5MPa/cm、2.0MPa/cm 和 2.5MPa/cm 时，其数值依次为 3.33mm、2.70mm、2.21mm 和 2.00mm（含自重和水重作用整体沉降）。

2. 正常使用极限状态作用（荷载）效应短期组合（检修期）

围岩弹性抗力系数不同时，隧洞衬砌混凝土沿径向均处于受压状态，径向压应力分布是一致的。在预应力筋束环面内侧混凝土出现最大径向压应力，围岩弹性抗力系数 $K=1.0$MPa/cm 和 1.5MPa/cm 时数值相当，均在 −0.86MPa 左右，围岩弹性抗力系数 $K=2.0$MPa/cm 和 2.5MPa/cm 时数值相当，均在 −0.76MPa 左右。在预应力筋束环面至衬砌内表面方向和预应力筋束环面至衬砌外表面方向，径向压应力逐渐减小。

当围岩弹性抗力系数不同时，隧洞衬砌混凝土沿环向均处于受压状态，环向应力状态是一致的（图 3.4、图 3.5）。衬砌混凝土上半圆环环向压应力分布较为均匀，在锚具槽和衬砌底部的环向应力分布均匀性较差。围岩弹性抗力系数 $K=1.0$MPa/cm、1.5MPa/cm、2.0MPa/cm 和 2.5MPa/cm 时，锚具槽位置衬砌内表面混凝土的环向压应力最大，其数值依次为 −10.91MPa、−11.01MPa、−9.69MPa 和 9.76MPa；锚具槽位置衬砌外表面混凝土的环向压应力最小，其数值依次为 −3.82MPa、−3.86MPa、−3.48MPa 和 −3.45MPa；衬砌底部内表面混凝土的环向压应力最小，其数值依次为 −3.82MPa、−4.07MPa、−3.75MPa 和 −3.83MPa；衬砌底部外表面混凝土的环向压应力较大，其数值为 −10.53MPa、−10.38MPa、−9.11MPa 和 −9.07MPa。

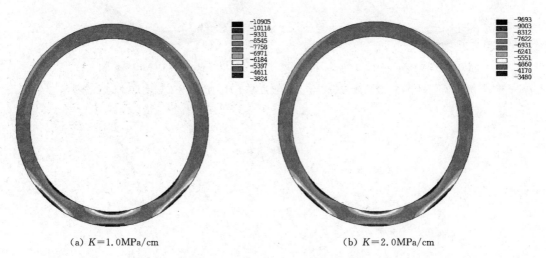

(a) $K=1.0$MPa/cm　　　　　　　　(b) $K=2.0$MPa/cm

图 3.4　作用（荷载）效应短期组合（检修期）衬砌混凝土环向应力分布云图（单位：kPa）

预应力钢绞线的最小平均拉应力为 706～713MPa，最大平均拉应力为 1000～1010MPa，未超过预应力钢绞线强度设计值。

衬砌结构整体变形较小，最大位移位于衬砌结构顶部。围岩弹性系数 $K=1.0$MPa/cm、1.5MPa/cm、2.0MPa/cm 和 2.5MPa/cm 时，其数值依次为 3.46mm、2.91mm、

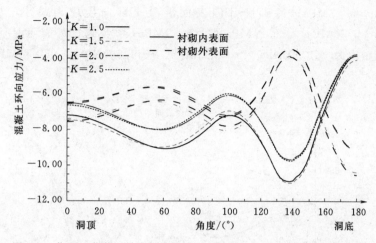

图 3.5　作用（荷载）效应短期组合（检修期）衬砌内外表面环向应力

2.45mm 和 2.26mm（含自重和水重作用整体沉降）。

3. 施工期荷载组合

当围岩弹性抗力系数不同时，隧洞衬砌混凝土沿径向均处于受压状态，径向压应力分布是一致的，上半圆环的同环面径向压应力基本相同，下半圆的同环面径向压应力受到锚具槽口的影响而有变化。在预应力筋束环面内侧混凝土出现最大径向压应力，围岩弹性抗力系数 $K=1.0$MPa/cm 和 1.5MPa/cm 时数值相当，均在 -1.13MPa 左右，围岩弹性抗力系数 $K=2.0$MPa/cm 和 2.5MPa/cm 时数值相当，均在 -1.02MPa 左右。在预应力筋束环面至衬砌内表面方向和预应力筋束环面至衬砌外表面方向，径向压应力逐渐减小。

衬砌混凝土沿环向均处于受压状态，上半圆环环向压应力分布较为均匀，在锚具槽和衬砌底部环向应力分布均匀性较差（图 3.6、图 3.7）。围岩弹性抗力系数 $K=1.0$MPa/cm、1.5MPa/cm、2.0MPa/cm 和 2.5MPa/cm 时，锚具槽位置衬砌内表面混凝土的环向压应力最大，数值依次为 -13.88MPa、-13.95MPa、-12.50MPa 和 -12.56MPa；锚具槽位置衬砌外表面混凝土的环向压应力最小，数值依次为 -6.00MPa、-5.96MPa、

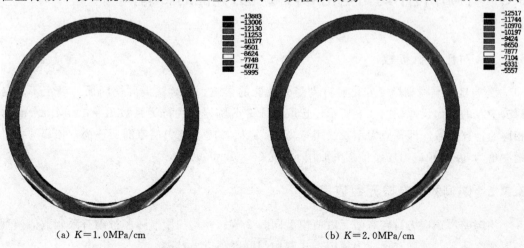

（a）$K=1.0$MPa/cm　　　　　　　　　　（b）$K=2.0$MPa/cm

图 3.6　施工期荷载组合衬砌混凝土环向应力分布云图（单位：kPa）

-5.56MPa和-5.53MPa；衬砌底部内表面混凝土环向压应力最小，数值依次为-6.31MPa、-6.56MPa、-6.21MPa 和-6.29MPa；衬砌底部外表面混凝土环向压应力较大，数值依次为-13.21MPa、-13.03MPa、-11.64MPa 和-11.58MPa。

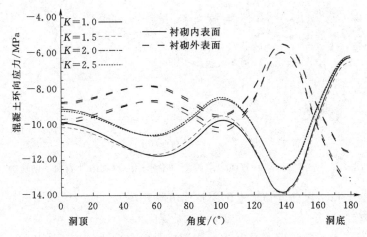

图 3.7　施工期荷载组合衬砌混凝土内外表面环向应力

预应力钢绞线的最小平均拉应力为 $772\sim780$MPa，最大平均拉应力为 $1080\sim1090$MPa，未超过预应力钢绞线强度设计值。

衬砌结构整体变形较小，最大位移位于衬砌结构顶部。围岩弹性系数 $K=1.0$MPa/cm、1.5MPa/cm、2.0MPa/cm 和 2.5MPa/cm 时，其 数 值 依 次 为 3.89mm、3.33mm、2.87mm 和 2.69mm（含自重和水重作用整体沉降）。

综合上述计算分析，本节针对不同围岩弹性抗力系数所作的预应力筋束布设方案是合理的。

3.3　衬砌厚度不均匀变化对衬砌受力性能的影响

3.3.1　对比分析参数

为明确隧洞衬砌厚度变化对衬砌受力性能的影响，结合隧洞开挖断面，设定不均匀衬砌壁厚的几何尺寸如图 3.8 所示。选取与 4.2 节围岩弹性抗力系数 $K=1.5$MPa/cm 时相同的计算参数，即预应力钢绞线用量为 $4\times\phi^s15.24@300$ 单层双圈、环锚，相邻两锚具槽夹角为 $80°$，预应力筋摩擦损失取用 $\mu=0.06$，$\kappa=0.004$。

3.3.2　隧洞衬砌有限元数值模型

均匀壁厚预应力衬砌有限元数值模型同 3.2 节。非均匀壁厚隧洞衬砌有限元数值模型如图 3.9 所示，加载和预应力模拟方式同均匀壁厚预应力衬砌。

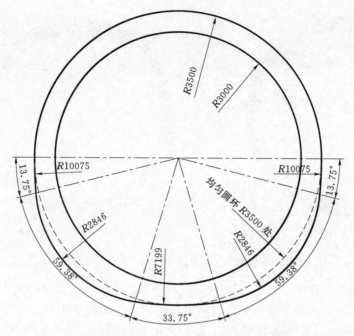

图 3.8　衬砌厚度变化的几何尺寸（单位：mm）

3.3.3　隧洞衬砌受力性能对比分析

1. 正常使用极限状态作用（荷载）效应长期组合

均匀与非均匀厚度的隧洞衬砌混凝土径向应力均较小，但均匀壁厚衬砌混凝土的径向应力变化较为平缓。均匀厚度的衬砌混凝土沿径向均为受压状态，最大与最小径向压应力分别为 -0.99MPa 和 -0.01MPa。非均匀厚度的衬砌混凝土在厚度变化区域内出现了 0.05MPa 的径向拉应力，在其他部位沿径向均为受压，最大径向压应力为 -1.04MPa（图 3.10）。

衬砌混凝土上半圆的环向压应力分布较为均匀，厚度变化对其环向压应力分布影响较小（图 3.11、图 3.12）。衬砌顶部的环向压应力，当均匀厚度时内表面小于外表面，当厚度变化时内外表面基本相同；30°拱腰处的衬砌环向压应力，当厚度变化略小于均匀厚度时，外表面均小于内表面，量值在 $-3.20 \sim -5.32$MPa 范围内变化。对于厚度变化的衬砌，由于锚具槽位置外侧衬砌断面刚度增大，相应的衬砌内表面混凝土环向压应力变化相对平缓，从而改善了衬砌设计厚度 0.50m 范围内锚具槽部位的应力分布状态，内表面最大值为 -6.58MPa（均匀厚度时为 -7.37MPa），衬砌半径 $r = 3.5$m 处环向压应力为

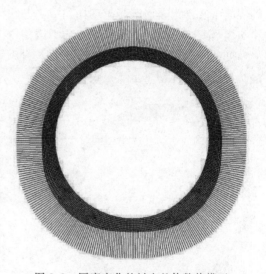

图 3.9　厚度变化的衬砌整体数值模型

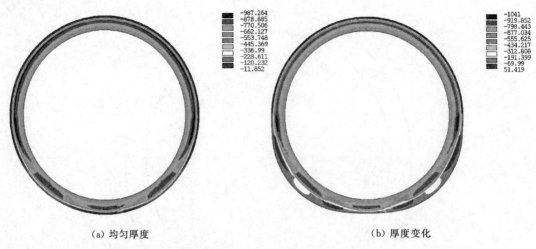

（a）均匀厚度　　　　　　　　　　　　（b）厚度变化

图 3.10　作用（荷载）效应长期组合衬砌混凝土的径向应力分布云图（单位：kPa）

—1.41MPa（均匀厚度时为—0.72MPa），但在衬砌混凝土外表面却出现 0.77MPa 的拉应力；同时，在衬砌底部内外表面的环向应力差距加大，内表面出现了 1.58MPa 的拉应力（均匀厚度时为—0.34MPa 的拉应力），外表面的环向压应力由均匀厚度时的—7.31MPa 增大至厚度变化时的—9.09MPa。因此，在作用（荷载）效应长期组合下，厚度变化的衬砌混凝土底部内表面混凝土环向拉应力超出了混凝土拉应力限值中 1.14MPa 的要求，但在短期荷载组合作用下混凝土拉应力限值中 1.9MPa 之内；考虑到底部纵断面的环向拉应力厚度范围仅占衬砌厚度的 1/5 左右，衬砌混凝土仍存在闭合环向压应力环，衬砌混凝土的抗裂性能尚能基本上满足设计要求。

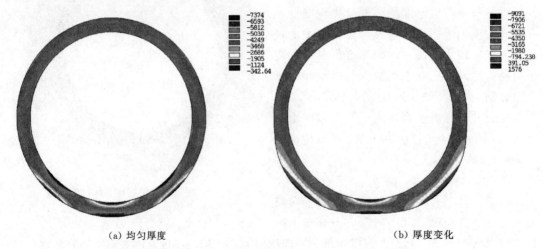

（a）均匀厚度　　　　　　　　　　　　（b）厚度变化

图 3.11　作用（荷载）效应长期组合衬砌混凝土环向应力分布云图（单位：kPa）

厚度变化衬砌的钢绞线最小平均拉应力为 721MPa，最大平均拉应力为 1020MPa，与均匀壁厚衬砌的预应力钢绞线拉应力差别不大。

厚度变化的衬砌，其整体最大位移仍位于衬砌顶部，量值为 90mm，沿圆环的变形均匀性稍差于均匀壁厚的衬砌。

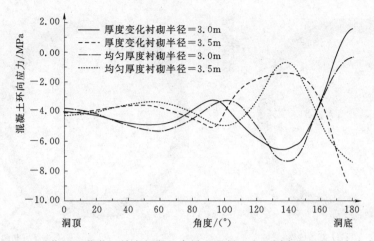

图 3.12 作用（荷载）效应长期组合衬砌混凝土在不同半径上的环向应力

2. 正常使用极限状态作用（荷载）效应短期组合（检修期）

均匀厚度与厚度变化的隧洞衬砌混凝土径向应力分布形态，在荷载短期组合（检修期）作用下与长期组合作用下是一致的。均匀厚度的衬砌混凝土沿径向均为受压状态，最大径向压应力为 -0.86MPa。非均匀厚度的衬砌混凝土在厚度变化区域内出现了 0.16MPa 的径向拉应力，在其他部位沿径向均为受压，最大径向压应力为 -0.93MPa（图 3.13）。

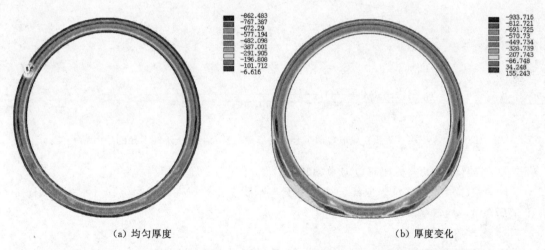

（a）均匀厚度　　　　　　　　　　　　　　　　　　（b）厚度变化

图 3.13 作用（荷载）效应短期组合（检修期）衬砌混凝土径向应力分布云图（单位：kPa）

在作用（荷载）效应短期组合（检修期），衬砌混凝土沿环向均处于受压状态。衬砌厚度变化对混凝土环向应力分布形态的影响，与作用（荷载）效应长期组合的规律是一致的，不同的是因荷载作用不同，其应力值有所不同。锚具槽位置处厚度变化的衬砌外表面仍保存了 -0.40MPa 的环向压应力，在衬砌底部的内表面混凝土也保存了 -0.48MPa 的环向压应力（图 3.14、图 3.15）。

预应力钢绞线的拉应力受衬砌厚度变化的影响较小，厚度变化的衬砌中其最小平均拉

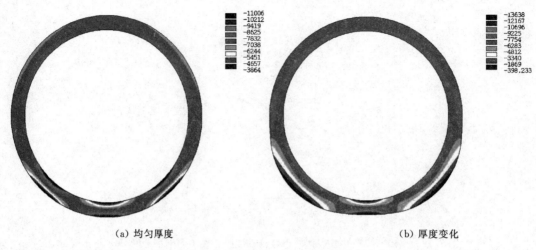

(a) 均匀厚度　　　　　　　　　　　　　　　(b) 厚度变化

图 3.14　作用（荷载）效应短期组合（检修期）衬砌混凝土环向应力分布云图（单位：kPa）

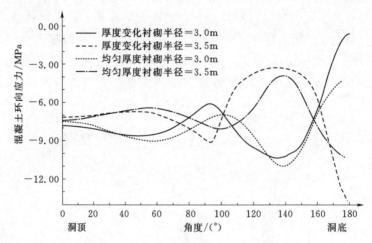

图 3.15　作用（荷载）效应短期组合（检修期）衬砌混凝土不同半径的环向应力

应力为 697MPa，最大平均拉应力为 1000MPa，与均匀壁厚时相当。

衬砌整体最大位移位于顶部，均匀厚度与厚度变化的衬砌，嘴阀位移分别为 2.91mm 和 3.07mm，均匀壁厚衬砌变形较为均匀。

3. 施工期荷载组合

均匀厚度与厚度变化的衬砌混凝土径向应力均较小。最大径向压应力分别为 −1.13MPa 和 −1.22MPa，最小径向压应力分别为 −0.02MPa 和 −0.02MPa（图 3.16）。由于位于锚具槽处的衬砌混凝土厚度增大，致使此处断面刚度发生变化，使得预应力筋束在进入锚具槽之前变向区段内侧混凝土的径向压应力增加。

衬砌混凝土沿环向均处于受压状态，上半圆环向压应力分布较为均匀。与均匀厚度的衬砌比较，厚度变化的衬砌顶部外表面环向压应力相当，内表面环向压应力有所增加；在衬砌的 90°拱腰部位，混凝土内表面环向压应力减小，外表面环向压应力增大；在锚具槽部位，槽间衬砌混凝土内表面环向压应力减小，设计厚度半径 $r = 3.5m$ 的环向压应力增

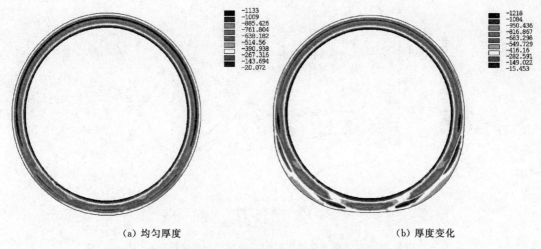

(a) 均匀厚度　　　　　　　　　　　　　(b) 厚度变化

图 3.16　施工期荷载组合衬砌混凝土径向应力分布云图（单位：kPa）

大，分布状态均得到改善；在衬砌底部，内表面环向压应力明显减小，数值为－1.20MPa（均匀厚度时为－6.56MPa），外表面环向压应力明显增大，数值为－17.36MPa（均匀厚度时为－13.03MPa）；沿厚度方向断面的环向应力分布均匀性变差（图 3.17、图 3.18）。从衬砌混凝土变形图上可以看出，衬砌厚度在锚具槽处局部增加，使得该部位刚度增大而变形量减小，引起衬砌底部出现向上弯曲的趋势，直接导致衬砌底部混凝土环向压应力内表面趋于减小、外表面趋于增大的效果。

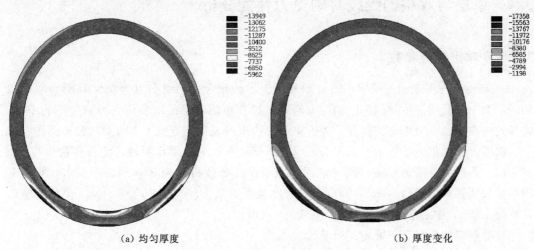

(a) 均匀厚度　　　　　　　　　　　　　(b) 厚度变化

图 3.17　施工期荷载组合衬砌混凝土环向应力分布云图（单位：kPa）

　　预应力钢绞线的拉应力受衬砌厚度变化的影响较小，厚度变化的衬砌中最小平均拉应力为 760MPa，最大平均拉应力为 1080MPa。

　　衬砌整体最大位移位于顶部，均匀厚度与厚度变化的衬砌最大位移分别为 3.33mm 和 3.52mm，均匀壁厚衬砌变形较为均匀。

　　由上述分析比较可知：由于隧洞开挖时在锚具槽部位出现超开挖状况，如果不加处理

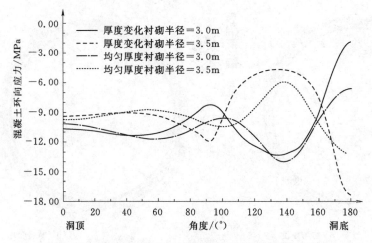

图 3.18　施工期荷载组合衬砌混凝土不同半径环向应力

将导致衬砌混凝土厚度在该部位增大，对衬砌混凝土结构的受力性能将产生一定影响，特别是对衬砌底部纵断面受力的影响较大，并导致在正常使用极限状态基本荷载组合作用下衬砌底部内表面环向拉应力超过设计允许的限值，使该部位衬砌混凝土的抗裂可靠性降低。因此，建议在隧洞开挖完成进行初次支护时，对超开挖洞径部位进行适当填补处理，尽量保证衬砌混凝土厚度的均匀性。

3.4　单层与双层钢绞线衬砌受力性能分析

3.4.1　对比分析参数

在其他条件不变的前提下，把衬砌混凝土中的预应力筋束布置为单层双圈和双层双圈时，由于锚具槽深度和间距、预应力筋束张拉变角偏转半径以及预应力损失等的差异，将导致衬砌结构受力性能的差异。为了定量评价这种差异，进行了本节对比分析工作。

取围岩弹性抗力系数 $K=1.5\text{MP/cm}$。钢绞线布置为单层双圈时，所有参数均与 3.2 节相同。钢绞线布置为双层双圈时，预应力钢绞线等效折算为 $6\times\phi^s15.24@450$ 双层双圈，相邻两锚具槽夹角为 $80°$，预应力筋束摩擦系数取 $\mu=0.06$，$\kappa=0.004$，预留内槽口长度为 1.3m，中心深度为 0.22m，宽度为 0.20m。

普通钢筋的用量及布置均同原设计。

3.4.2　隧洞衬砌有限元数值模型

隧洞预应力衬砌有限元数值模型同 3.2 节。

3.4.3　隧洞衬砌受力性能对比分析

1. 正常使用极限状态基本荷载组合作用

按单层双圈和双层双圈布置预应力钢绞线时，衬砌混凝土径向压应力均较小，双层双圈布

置对混凝土径向压应力分布产生有利的分散效
应，使混凝土最大径向压应力由单层双圈时的
$-0.99MPa$ 降低为 $-0.90MPa$。

按单层双圈和双层双圈布置预应力钢
绞线时，衬砌混凝土均处于环向受压状态，
压应力分布形态是一致的（图 3.11 和图
3.19、图 3.20）。

上半圆环衬砌的环向压应力分布较为
均匀。与单层双圈布置预应力筋束比较，
双层双圈布置预应力筋束的衬砌混凝土环向
压应力有增有减，量值变化在 $-0.40MPa$ 以
内，如单层双圈布置预应力筋束的衬砌顶
部内、外表面混凝土环向压应力分别为

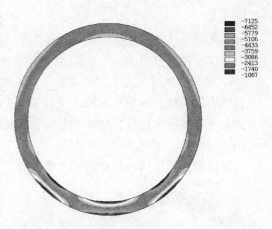

图 3.19 双层双圈预应力筋束时作用（荷载）效应
长期组合衬砌环向应力分布云图（单位：kPa）

$-3.79MPa$ 和 $-4.27MPa$，双层双圈布置时则为 $-3.39MPa$ 和 $-4.46MPa$；单层双圈布
置预应力筋束的衬砌在 $30°$ 拱腰处，内、外表面混凝土最大环向压应力分别为 $-5.32MPa$
和 $-3.32MPa$，双层双圈布置时则分别为 $-5.45MPa$ 和 $-3.09MPa$。

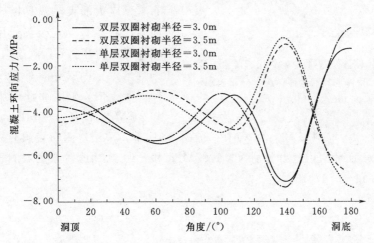

图 3.20 双层双圈预应力筋束时作用（荷载）效应长期组合衬砌环向应力

对于下半圆环衬砌，双层双圈布置预应力筋束时的衬砌混凝土环向压应力分布状态优
于单层双圈布置时，环向压应力在内外表面的分布趋于平缓。锚具槽位置处，双层双圈布
置预应力筋束的衬砌内表面最大环向压应力为 $-7.13MPa$，较单层双圈布置时的
$-7.37MPa$ 降低了 $-0.24MPa$；但其外表面最小环向压应力则由单层单圈时的 $-0.72MPa$
增加到 $-1.07MPa$；锚具槽区域的混凝土受力状态得到改善。在衬砌底部，双层双圈布置
预应力筋束时衬砌内表面最小环向压应力为 $-1.24MPa$，较单层双圈布置时的 $-0.34MPa$
明显增大；其外表面最大环向压应力则由单层单圈时的 $-7.31MPa$ 降低到 $-6.60MPa$；
衬砌底部区域的混凝土受力状态也得到了改善。

双层双圈预应力钢绞线较单层双圈预应力钢绞线的平均拉应力略有降低，降低幅度在

10MPa 左右。

衬砌结构整体变形较小，最大位移位于顶部，双层双圈布置预应力钢绞线的衬砌顶部位移由单层双圈布置时的 2.70mm 增大为 2.83mm。

2. 正常使用极限状态作用（荷载）效应短期组合（检修期）

预应力钢绞线按单层双圈和双层双圈布置时，衬砌混凝土径向压应力均较小，双层双圈布置对混凝土径向压应力分布产生有利的分散效应，使混凝土最大径向压应力由单层双圈时的 -0.86MPa 降低为 -0.67MPa。

双层双圈与单层双圈布置预应力筋束时，衬砌混凝土均处于环向受压状态，压应力分布是一致的（图 3.14 和图 3.21、图 3.22）。上半圆环的环向压应力分布较为均匀；与单层双圈布置预应力筋束比较，双层双圈布置预应力筋束的衬砌混凝土环向压应力有增有减，如单层双圈布置预应力筋束的衬砌顶部，内、外表面混凝土环向压应力分别为 -7.46MPa 和 -7.38MPa，双层双圈布置时则为 -7.04MPa 和 -7.57MPa。双层双圈布置预应力筋束对锚具槽区域混凝土的环向受压状态有一定改善作用，对其底部区域混凝土的环向受压状态改善效果明显。在锚具槽处，单层双圈布置预应力筋束的衬砌混凝土内、外表面环向压应力分别为 -11.01MPa 和 -3.86MPa，双层双圈布置时则分别为 -10.74MPa 和 -4.20MPa；在衬砌底部，单层双圈布置预应力筋束的衬砌混凝土内、外表面环向压应力分别为 -4.07MPa 和 -10.38MPa，双层双圈布置时则分别为 -4.93MPa 和 -9.67MPa。

图 3.21　双层双圈预应力筋束时作用（荷载）效应短期组合（检修期）衬砌环向应力分布云图（单位：kPa）

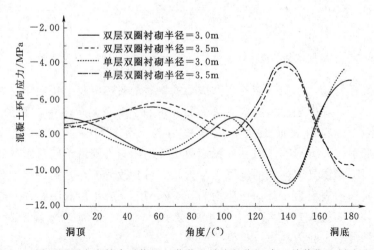

图 3.22　双层双圈预应力筋束时作用（荷载）效应短期组合（检修期）衬砌环向应力

双层双圈预应力钢绞线较单层双圈预应力钢绞线的平均拉应力略有降低，降低幅度在20MPa 左右。

衬砌结构整体变形较小，最大位移位于顶部，双层双圈布置预应力钢绞线的衬砌顶部位移由单层双圈布置时的 2.91mm 增大为 3.01mm。

3. 施工期荷载组合

预应力钢绞线按单层双圈和双层双圈布置时，衬砌混凝土径向压应力均较小，双层双圈布置对混凝土径向压应力分布产生有利的分散效应，使混凝土最大径向压应力由单层双圈时的 −1.13MPa 降低为 −0.88MPa。

预应力钢绞线按单层双圈和双层双圈布置时，衬砌混凝土沿环向均处于受压状态，环

向压应力分布基本一致（图 3.17 和图 3.23、图 3.24）。衬砌上半圆环的环向压应力分布较为均匀，单层双圈预应力钢绞线束的衬砌顶部内、外表面混凝土环向压应力分别为 −10.17MPa 和 −9.71MPa，双层双圈时则为 −9.84MPa 和 −9.97MPa。双层双圈布置预应力筋束对锚具槽区域混凝土的环向受压状态有一定改善作用，对其底部区域混凝土的环向受压状态改善效果明显。在锚具槽处，单层双圈布置预应力筋束的衬砌混凝土内、外表面环向压应力分别为 −13.95MPa 和 −5.96MPa，双层双圈布置时则分别为 −13.78MPa 和 −6.37MPa；在

图 3.23 双层双圈预应力筋束时施工期荷载组合衬砌环向应力分布云图（单位：kPa）

衬砌底部，单层双圈布置预应力筋束的衬砌混凝土内、外表面环向压应力分别为 −6.56MPa 和 −13.03MPa，双层双圈布置时则分别为 −7.55MPa 和 −12.24MPa。

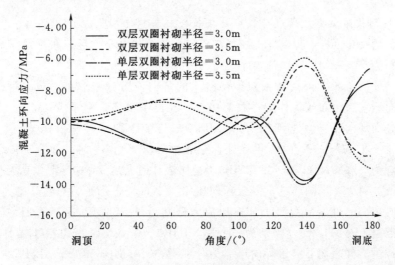

图 3.24 双层双圈预应力筋束时施工期荷载组合衬砌环向应力

双层双圈预应力钢绞线较单层双圈预应力钢绞线的平均拉应力略有增加，幅度在 20MPa 左右。

衬砌结构整体变形较小，最大位移位于顶部，双层双圈布置预应力钢绞线的衬砌顶部位移由单层双圈布置时的 3.33mm 增大为 3.49mm。

综合上述计算分析结果，当围岩弹性抗力系数 $K=1.5$MPa/cm 时，预应力钢绞线按 $4\times\phi^s15.24@300$ 单层双圈布置和 $6\times\phi^s15.24@450$ 双层双圈布置，均可满足设计要求，且衬砌混凝土均处于环向受压状态。双层双圈布置预应力筋束可明显减少锚具槽数量，有效增加槽间混凝土的整体受力性能，从而改善衬砌混凝土的径向和环向受力状态，特别是对下半圆环衬砌在锚具槽和底部区域混凝土的环向应力分布改善作用明显。因此，建议尽可能选择按双层双圈布置预应力筋束。

3.5　锚具槽位置变化对衬砌受力性能的影响

3.5.1　对比分析参数

在其他条件不变的前提下，改变预应力衬砌混凝土锚具槽的相对位置，分析衬砌混凝土的受力性能。

取围岩弹性抗力系数 $K=1.5$MPa/cm，选取相邻锚具槽夹角为 80° 和 90°。除预留槽口位置不同外，计算参数均与 3.2 节的相邻锚具槽夹角为 80° 时相同。

普通钢筋的用量及布置均同原设计。

3.5.2　隧洞衬砌有限元数值模型

预应力衬砌有限元数值模型的建立同 3.2 节。

3.5.3　衬砌受力性能对比分析

1. 正常使用极限状态作用（荷载）效应长期组合

相邻锚具槽夹角 80° 与 90° 时，衬砌混凝土径向应力均较小且分布规律一致，最大径向压应力分别为 -0.99MPa 和 -1.01MPa。

相邻锚具槽夹角 80° 与 90° 时，衬砌混凝土的环向应力分布形态一致。衬砌上半圆环的混凝土环向压应力分布较为均匀且数值接近；在衬砌顶部，相邻锚具槽夹角 80° 时，混凝土内、外表面环向压应力分别为 -3.79MPa 和 4.27MPa，相邻锚具槽夹角 90° 时则为 -3.55MPa 和 -4.47MPa；在 30° 拱腰处，相邻锚具槽夹角 80° 时，混凝土内、外表面环向压应力分别为 -5.32MPa 和 -3.32MPa，相邻锚具槽夹角 90° 时，则分别为 -5.20MPa 和 -3.43MPa。衬砌下半圆环的混凝土环向压应力分布状态，在相邻锚具槽夹角 80° 时较好，其衬砌底部内、外表面混凝土环向压应力分别为 -0.34MPa 和 -7.31MPa，锚具槽内、外表面混凝土环向压应力分别为 -7.37MPa 和 -0.72MPa；而相邻锚具槽夹角 90° 时，衬砌底部内、外表面混凝土环向压应力分别为 -0.09MPa 和 -7.81MPa，锚具槽内、外表面混凝土环向压应力分别为 -7.74MPa 和 -0.37MPa（图 3.25）。

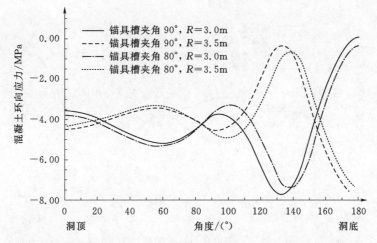

图 3.25 作用（荷载）效应短期组合衬砌混凝土内外表面环向应力

相邻锚具槽夹角80°和90°的衬砌中预应力钢绞线平均拉应力基本相同，最大值相差10MPa左右。

衬砌结构整体最大位移位于顶部，相邻锚具槽夹角80°与90°时预应力衬砌数值分别为2.70mm和3.17mm。

2. 正常使用极限状态作用（荷载）效应短期组合（检修期）

相邻锚具槽夹角80°与90°时，衬砌混凝土径向应力均较小，分布形态一致，最大径向压应力分别为－0.86MPa和－0.89MPa。

相邻锚具槽夹角80°与90°时，衬砌混凝土环向应力分布形态基本一致。衬砌上半圆环的混凝土环向应力分布基本一致，数值相差甚微；在衬砌顶部，相邻锚具槽夹角80°时，内、外表面混凝土环向压应力分别为－7.46MPa和－7.38MPa，相邻锚具槽夹角90°时，则为－7.22MPa和－7.59MPa；在30°拱腰处，相邻锚具槽夹角80°时，内、外表面混凝土环向压应力分别为－8.99MPa和－6.43MPa，相邻锚具槽夹角90°时，则分别为－8.87MPa和－6.54MPa。衬砌下半圆环混凝土的环向应力分布，在相邻锚具槽夹角80°时较好，其底部内、外表面混凝土环向应力分别为－4.07MPa和－10.38MPa，锚具槽处内、外表面混凝土环向压应力分别为－11.01MPa和－3.86MPa；但相邻锚具槽夹角90°时，底部内、外表面混凝土环向应力分别为－3.63MPa和－10.88MPa，锚具槽处内、外表面混凝土环向压应力分别为－11.36MPa和－3.52MPa（图3.26）。

相邻锚具槽夹角80°与90°的衬砌中，预应力钢绞线平均拉应力基本相同，最大值相差10MPa左右。

衬砌结构整体最大位移位于顶部，相邻锚具槽夹角80°与90°时预应力衬砌数值分别为2.91mm和3.37mm。

3. 施工期荷载组合

相邻锚具槽夹角80°与90°时，预应力衬砌混凝土径向应力均较小，分布形态一致。相邻锚具槽夹角80°与90°时，预应力衬砌混凝土最大径向压应力分别为－1.13MPa和－1.16MPa。

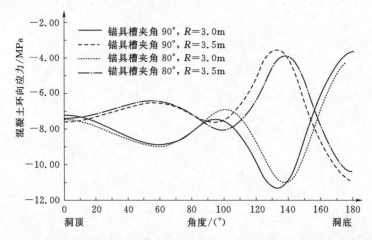

图 3.26 作用（荷载）效应短期组合（检修期）衬砌内外表面混凝土环向应力

相邻锚具槽夹角 80°与 90°时，衬砌混凝土的环向应力分布形态是一致的。衬砌上半圆环混凝土的环向应力基本相当，在衬砌顶部，相邻锚具槽夹角 80°时，内、外表面混凝土环向压应力分别为 −10.17MPa 和 −9.71MPa，相邻锚具槽夹角 90°时，则为 −9.91MPa 和 −9.93MPa；在 30°拱腰处，相邻锚具槽夹角 80°时，内、外表面混凝土环向压应力分别为 −11.71MPa 和 −8.74MPa，相邻锚具槽夹角 90°时，则分别为 −11.59MPa 和 −8.86MPa。衬砌下半圆环混凝土环向应力分布形态，在相邻锚具槽夹角 80°时较好，底部和锚具槽处的最小环向压应力值较大；在衬砌底部，相邻锚具槽夹角 80°时，内、外表面混凝土环向应力分别为 −6.56MPa 和 −13.03MPa，相邻锚具槽夹角 90°时，则为 −6.15MPa 和 −13.52MPa；在锚具槽处，相邻锚具槽夹角 80°时，内、外表面混凝土环向压应力分别为 −13.95MPa 和 −5.96MPa，相邻锚具槽夹角 90°时，则为 −14.30MPa 和 −5.61MPa（图 3.27）。

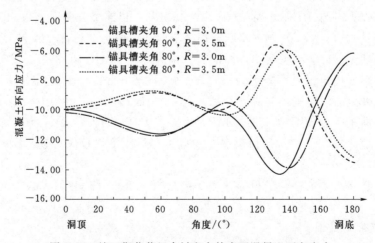

图 3.27 施工期荷载组合衬砌内外表面混凝土环向应力

相邻锚具槽夹角 80°与 90°时的衬砌中预应力筋束平均拉应力基本相同。

衬砌结构整体最大位移均位于顶部，相邻锚具槽夹角 80°与 90°时，预应力衬砌数值分别为 3.33mm 和 3.80mm。

由上述分析结果可知：相邻锚具槽夹角 80°与 90°时，衬砌混凝土的径向和环向应力基本一致，下半圆环衬砌混凝土的环向应力分布状态，以相邻锚具槽夹角 80°时较优。因此，综合考虑施工因素，取相邻锚具槽夹角 80°是较为合理的。

3.6　不考虑围岩弹抗的衬砌受力性能分析

3.6.1　钢筋布置及槽口设置

不考虑围岩弹抗时，环向预应力钢绞线采用单层双圈布置将导致相邻预应力筋束间距过密（<300mm）。因此，环向预应力钢绞线选用双层双圈布置，预应力摩擦系数取 $\mu=0.06$，$\kappa=0.004$。

经反复调试计算，确定预应力钢绞线为 $6\times\phi^s15.24@400$，公称断面面积 $A_p=6\times139\text{mm}^2$，双层双圈，环锚支撑变角张拉，环锚锚板锚固端和张拉端各设 6 个锚孔，6 根钢绞线从锚固端起始沿衬砌环绕 2 圈后进入张拉端，钢绞线锚固端与张拉端的包角为 $2\times360°$。预留内槽口长度为 1.3m，中心深度为 0.22m，宽度为 0.20m，左右两侧相邻锚具槽圆心夹角取 80°。

3.6.2　隧洞衬砌有限元数值模型

当不考虑围岩弹抗时，衬砌围岩基本为粉质黏土或黏土。根据大伙房水库输水（二期）工程地质勘察报告，隧洞出口处粉质黏土或黏土的压缩模量均不小于 4.5MPa，由弹性模量 E 与压缩模量 E_{s1-2} 的换算关系式（3.1）。

$$E=E_{s1-2}\left(1-\frac{2\mu^2}{1-\mu}\right) \tag{3.1}$$

式中：μ 为泊松比，可取 $\mu=0.3$，则 $E=3.34\text{MPa}$。有限元分析时保守考虑，取 $E=3.00\text{MPa}$。

预应力衬砌与围岩的界面法向应力只存在压应力，采用二维块体元 Plane 42 模拟衬砌外土层对预应力衬砌的作用，按圣维南原理将土层厚度向外延伸不少于 2 倍衬砌厚度。有限元分析时衬砌与围岩界面法向应力一旦出现径向拉应力，则将该部位土层单元的弹性模量减小为接近于 0 的数值，即不考虑预应力衬砌与围岩界面的法向拉应力。

隧洞预应力混凝土衬砌有限元数值模型如图 3.28 所示，预应力钢绞线和钢筋混凝土衬砌建模方法同 1.6.1 节。

3.6.3　不考虑围岩弹抗时衬砌受力性能分析

1. 作用（荷载）效应长期组合

衬砌混凝土径向应力较小，其最大径向拉应力为 0.06MPa，最大径向压应力为 −0.95MPa。

图 3.28　不考虑围岩弹抗时衬砌有限元整体模型

衬砌混凝土上半圆环环向压应力分布较为均匀，在下半圆环的锚具槽和底部的环向应力分布均匀性较差、应力变化较大，但影响范围较小（图 3.29）。上半圆环顶部衬砌内表面压应力较外表面要小，30°拱腰处则外表面环向压应力较内表面要小，但最小值不低于 −3.25MPa，最大值不超过 −6.05MPa。在下半圆环衬砌底部外表面混凝土环向压应力最大达到 −7.92MPa，内表面存在 0.34MPa 的环向拉应力；在锚具槽位置处，衬砌内外表面混凝土环向压应力变化较大，内表面最大环向压应力为 −7.64MPa，外表面环向压应力为 −0.73MPa。总体来看，衬砌结构内部混凝土存在封闭的环向压应力环，满足抗裂设计要求。

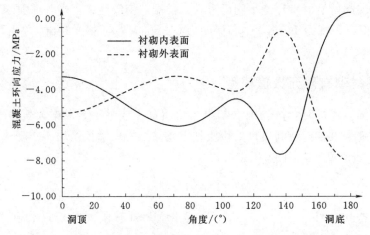

图 3.29　作用（荷载）效应长期组合衬砌内外表面混凝土环向应力

预应力钢绞线最小平均拉应力为 719MPa，最大平均拉应力为 1010MPa。

衬砌结构整体最大位移位于顶部，相对于底部的数值为 2.42mm。

2. 正常使用极限状态作用（荷载）效应短期组合（检修期）

衬砌混凝土径向应力较小，其最大径向压应力为 −0.77MPa，最大径向拉应力为 0.04MPa。

衬砌混凝土沿环向均处于受压状态，在锚具槽和衬砌底部环向应力分布均匀性较差（图 3.30）。在锚具槽位置，衬砌内表面混凝土环向压应力较大，数值达 −11.59MPa，衬砌外表面混凝土环向压应力较小，数值为 −4.29MPa。衬砌底部内表面混凝土环向压应力最小，数值为 −2.93MPa，相对位置处衬砌外表面混凝土环向压应力最大，数值为 −12.04MPa。

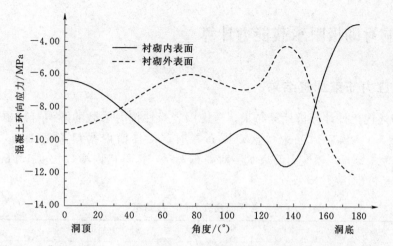

图 3.30 作用（荷载）效应短期组合（检修期）衬砌内外表面混凝土环向应力

预应力钢绞线最小平均拉应力为 695MPa，最大平均拉应力为 988MPa。

衬砌结构整体最大位移位于顶部，相对于底部的数值为 4.37mm。

3. 施工期荷载组合

衬砌混凝土无径向拉应力，径向压应力最大值为－1.00MPa。

衬砌混凝土沿环向均处于受压状态（图 3.31）。在锚具槽位置，衬砌内表面混凝土环向压应力最大，数值达－14.85MPa，外表面混凝土环向压应力较小，数值为－6.48MPa。衬砌底部内表面混凝土环向压应力最小，数值为－5.60MPa，外表面混凝土环向压应力较大，数值为－14.79MPa。

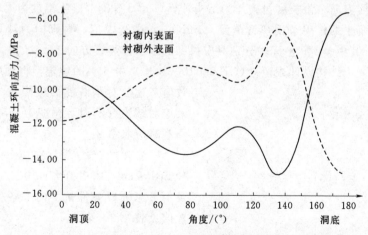

图 3.31 施工期荷载组合衬砌内外表面混凝土环向应力

预应力钢绞线最小平均拉应力为 771MPa，最大平均拉应力为 1080MPa。

衬砌结构整体最大位移位于顶部，相对于底部的数值为 4.37mm。

由上述结果可知，衬砌混凝土受力性能满足设计要求，不考虑围岩弹抗的衬砌中预应力筋束采用 $6 \times \phi^s 15.24@400$ 双层双圈布置方案是合理的。

3.7　隧洞衬砌极限承载能力计算

3.7.1　预应力筋束配置结果

根据前述优化设计分析计算结果，考虑围岩弹性抗力系数的隧洞衬砌预应力筋束配置结果见表 3.1。预应力筋束单层双圈布置时，锚具槽内槽口长度 1.3m、中心深度 0.15m、宽度 0.20m；预应力筋束双层双圈布置时，锚具槽内槽口长度 1.3m、中心深度 0.22m、宽度 0.20m。

表 3.1　　　　　　　　　　　各断面预应力钢绞线用量

围岩弹性抗力系数/(MPa/cm)	预应力筋用量
0.0	$6 \times \phi^s 15.24@400$ 双层双圈
1.0	$6 \times \phi^s 15.24@450$ 双层双圈，或 $4 \times \phi^s 15.24@300$ 单层双圈
1.5	$6 \times \phi^s 15.24@450$ 双层双圈，或 $4 \times \phi^s 15.24@300$ 单层双圈
2.0	$4 \times \phi^s 15.24@350$ 单层双圈
2.5	$4 \times \phi^s 15.24@350$ 单层双圈

3.7.2　内力计算方法

为确定隧洞衬砌在外荷载作用下的内力，采用通用有限元分析软件 ANSYS 进行内力计算。

取隧洞轴线方向单位长度衬砌作为结构计算单元，衬砌混凝土离散为梁单元 Beam 3，围岩对衬砌混凝土的作用采用弹簧单元 Combin 14 进行模拟，衬砌内力计算数值模型如图 3.32 所示，其中 x、y 坐标轴分别对应衬砌的水平和竖直方向。

依据《混凝土结构设计规范》（GB 50010—2010）中 6.1 的规定，将预应力作为荷载效应考虑。对承载能力极限状态，当预应力效应对结构有利时，预应力分项系取 1.0，不利时应取 1.2。

围岩弹性抗力系数在 $K=1.0\text{MPa/cm}$、1.5MPa/cm、2.0MPa/cm 或 2.5MPa/cm 以及不考虑围岩弹性抗力时，各工况下的内力数值见表 3.2～表 3.4。

3.7.3　正断面承载力设计

针对不同围岩弹性抗力系数，已按正常使用极限状态设计要求在混凝土衬砌中配置了预应力钢绞线，进行承载能力极限状态设计时将预应力作为荷载效应考虑。因此，隧洞

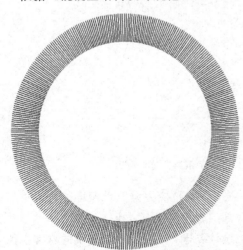

图 3.32　隧洞衬砌内力计算数值模型

表 3.2 基本荷载组合衬砌内力计算结果

围岩弹性抗力系数	断面与竖向圆心夹角	轴力 N /kN	剪力 V /kN	弯矩 M /(kN·m)	围岩弹性抗力系数	断面与竖向圆心夹角	轴力 N /kN	剪力 V /kN	弯矩 M /(kN·m)
$K=1.0$ MPa/cm	0°	−1675.5	0.0	−154.6	$K=1.5$ MPa/cm	0°	−1739.3	0.0	−139.4
	10°	−1679.3	−28.5	−146.8		10°	−1743.0	−27.3	−132.2
	20°	−1696.8	−54.8	−119.8		20°	−1759.9	−52.4	−107.1
	30°	−1724.3	−73.8	−76.9		30°	−1786.4	−70.3	−67.3
	40°	−1758.7	−82.8	−23.4		40°	−1819.5	−78.2	−18.1
	50°	−1796.2	−80.1	33.8		50°	−1855.5	−74.7	34.2
	60°	−1832.5	−65.6	87.1		60°	−1890.2	−59.5	82.1
	70°	−1863.4	−40.1	128.5		70°	−1919.4	−33.5	118.2
	80°	−1885.0	−6.0	150.9		80°	−1939.5	1.0	135.5
	90°	−1894.7	28.3	148.8		90°	−1948.1	31.8	129.7
	100°	−1896.1	48.7	124.8		100°	−1949.3	48.0	105.1
	110°	−1895.6	57.5	87.5		110°	−1949.5	53.1	70.2
	120°	−1894.8	57.8	44.7		120°	−1950.3	50.5	32.3
	130°	−1894.5	52.7	2.2		130°	−1952.1	43.6	−3.6
	140°	−1893.8	45.2	−36.6		140°	−1953.6	35.9	−34.9
	150°	−1893.5	35.4	−69.2		150°	−1955.5	27.0	−60.4
	160°	−1894.5	23.9	−93.7		160°	−1958.3	17.6	−78.9
	170°	−1894.5	12.4	−109.1		170°	−1959.5	9.0	−90.3
	180°	−1894.3	0.0	−115.0		180°	−1959.8	0.0	−94.6
$K=2.0$ MPa/cm	0°	−1324.8	0.0	−128.5	$K=2.5$ MPa/cm	0°	−1378.4	0.0	−120.2
	10°	−1328.4	−26.4	−121.6		10°	−1382.0	−25.7	−113.6
	20°	−1344.8	−50.6	−97.9		20°	−1398.1	−49.1	−90.9
	30°	−1370.6	−67.6	−60.4		30°	−1423.3	−65.5	−55.2
	40°	−1402.8	−74.8	−14.2		40°	−1454.8	−72.0	−11.2
	50°	−1437.7	−70.6	34.4		50°	−1488.8	−67.3	34.7
	60°	−1471.1	−54.8	78.4		60°	−1521.4	−51.0	75.7
	70°	−1499.1	−28.4	110.6		70°	−1548.4	−24.3	104.7
	80°	−1518.0	6.0	124.1		80°	−1566.4	9.9	115.3
	90°	−1525.9	34.1	115.8		90°	−1573.7	35.7	105.1
	100°	−1527.1	47.3	90.8		100°	−1574.9	46.5	80.0
	110°	−1527.9	49.5	57.7		110°	−1576.2	46.6	48.4
	120°	−1529.8	44.9	23.5		120°	−1579.8	40.5	17.0
	130°	−1533.1	37.0	−7.5		130°	−1583.4	31.8	−10.3
	140°	−1536.2	29.1	−33.6		140°	−1587.8	24.0	−32.4
	150°	−1539.7	21.0	−54.0		150°	−1592.4	16.6	−49.0
	160°	−1543.7	13.2	−68.4		160°	−1597.4	9.9	−60.4
	170°	−1545.7	6.6	−76.9		170°	−1600.0	4.8	−66.9
	180°	−1546.3	0.0	−80.1		180°	−1600.8	0.0	−69.3

围岩弹性抗力系数	断面与竖向圆心夹角	轴力 N/kN	剪力 V/kN	弯矩 M/(kN·m)	围岩弹性抗力系数	断面与竖向圆心夹角	轴力 N/kN	剪力 V/kN	弯矩 M/(kN·m)
$K=0$	0°	−1949.5	−0.4	−207.6	$K=0$	100°	−2184.7	42.2	191.4
	10°	−1953.8	−31.2	−197.9		110°	−2157.5	64.2	149.7
	20°	−1973.4	−60.2	−164.1		120°	−2128.4	75.3	92.0
	30°	−2004.3	−81.8	−110.1		130°	−2099.8	77.2	27.0
	40°	−2043.1	−93.1	−42.1		140°	−2072.6	72.4	−38.1
	50°	−2085.7	−92.6	31.9		150°	−2049.5	60.7	−96.8
	60°	−2127.3	−79.7	102.7		160°	−2032.7	43.5	−143.5
	70°	−2163.3	−55.4	161.2		170°	−2021.3	23.3	−174.0
	80°	−2189.6	−22.0	199.0		180°	−2017.0	0.4	−186.0
	90°	−2202.8	17.5	208.9					

表 3.3　　　　　　　　　检修期荷载组合衬砌内力计算结果

围岩弹性抗力系数	断面与竖向圆心夹角	轴力 N/kN	剪力 V/kN	弯矩 M/(kN·m)	围岩弹性抗力系数	断面与竖向圆心夹角	轴力 N/kN	剪力 V/kN	弯矩 M/(kN·m)
$K=1.0$ MPa/cm	0°	−4414.1	0.0	−125.2	$K=1.5$ MPa/cm	0°	−4421.2	0.0	−116.2
	10°	−4419.2	−28.5	−118.3		10°	−4426.2	−27.3	−109.6
	20°	−4435.5	−54.8	−95.2		20°	−4442.2	−52.4	−87.4
	30°	−4460.9	−73.8	−58.9		30°	−4467.1	−70.3	−52.7
	40°	−4492.6	−82.8	−14.2		40°	−4498.1	−78.2	−10.3
	50°	−4526.9	−80.1	32.6		50°	−4531.5	−74.7	33.7
	60°	−4559.9	−65.6	74.9		60°	−4563.5	−59.5	72.7
	70°	−4587.6	−40.1	106.1		70°	−4590.1	−33.5	100.3
	80°	−4606.8	−6.0	120.5		80°	−4608.1	1.0	110.8
	90°	−4615.4	28.3	114.6		90°	−4615.8	31.8	101.8
	100°	−4617.6	48.7	92.7		100°	−4617.7	48.0	79.0
	110°	−4619.2	57.5	62.4		110°	−4619.7	53.1	50.0
	120°	−4621.4	57.8	29.4		120°	−4623.0	50.5	20.3
	130°	−4624.6	52.7	−2.3		130°	−4627.6	43.6	−6.7
	140°	−4627.1	45.2	−30.4		140°	−4631.7	35.9	−29.5
	150°	−4629.7	35.4	−53.6		150°	−4635.9	27.0	−47.7
	160°	−4632.9	23.9	−70.9		160°	−4640.3	17.6	−60.6
	170°	−4634.3	12.4	−81.5		170°	−4642.6	9.0	−68.4
	180°	−4634.6	0.0	−85.5		180°	−4643.3	0.0	−71.3

围岩弹性抗力系数	断面与竖向圆心夹角	轴力 N /kN	剪力 V /kN	弯矩 M /(kN·m)	围岩弹性抗力系数	断面与竖向圆心夹角	轴力 N /kN	剪力 V /kN	弯矩 M /(kN·m)
	0°	−3859.3	0.0	−109.4		0°	−3863.7	0.0	−104.0
	10°	−3864.3	−26.4	−103.0		10°	−3868.6	−25.7	−97.8
	20°	−3880.0	−50.6	−81.6		20°	−3884.1	−49.1	−77.0
	30°	−3904.5	−67.6	−48.1		30°	−3908.3	−65.5	−44.5
	40°	−3935.0	−74.8	−7.5		40°	−3938.3	−72.0	−5.2
	50°	−3967.7	−70.6	34.4		50°	−3970.6	−67.3	35.0
	60°	−3998.9	−54.8	70.9		60°	−4001.1	−51.0	69.5
	70°	−4024.6	−28.4	95.7		70°	−4026.2	−24.3	92.1
	80°	−4041.8	6.0	103.3		80°	−4042.6	9.9	97.3
$K=2.0$ MPa/cm	90°	−4048.8	34.1	92.0	$K=2.5$ MPa/cm	90°	−4049.1	35.7	84.4
	100°	−4050.5	47.3	68.7		100°	−4050.8	46.5	60.8
	110°	−4053.0	49.5	40.9		110°	−4053.6	46.6	34.0
	120°	−4057.1	44.9	13.8		120°	−4058.3	40.5	8.9
	130°	−4062.7	37.0	−9.7		130°	−4064.8	31.8	−11.9
	140°	−4068.0	29.1	−28.7		140°	−4071.0	24.0	−28.0
	150°	−4073.3	21.0	−43.2		150°	−4077.1	16.6	−39.6
	160°	−4078.7	13.2	−53.1		160°	−4083.2	9.9	−47.3
	170°	−4081.6	6.6	−58.8		170°	−4086.5	4.8	−51.6
	180°	−4082.4	0.0	−60.9		180°	−4087.5	0.0	−53.1
	0°	−4891.1	−0.4	−152.3		100°	−5094.3	42.2	135.0
	10°	−4896.5	−31.2	−144.6		110°	−5070.2	64.2	104.5
	20°	−4913.6	−60.2	−118.8		120°	−5045.9	75.3	63.1
	30°	−4940.4	−81.8	−78.0		130°	−5022.9	77.2	17.1
$K=0$	40°	−4974.0	−93.1	−27.2	$K=0$	140°	−5001.2	72.4	−28.6
	50°	−5010.7	−92.6	27.3		150°	−4983.2	60.7	−69.6
	60°	−5046.4	−79.7	78.5		160°	−4970.5	43.5	−102.0
	70°	−5077.2	−55.4	119.6		170°	−4961.8	23.3	−123.1
	80°	−5099.7	−22.0	144.6		180°	−4958.5	0.4	−131.3
	90°	−5111.4	17.5	148.9					

表 3.4　　　　　　　　　　　施工期荷载组合衬砌内力计算结果

围岩弹性抗力系数	断面与竖向圆心夹角	轴力 N /kN	剪力 V /kN	弯矩 M /(kN·m)	围岩弹性抗力系数	断面与竖向圆心夹角	轴力 N /kN	剪力 V /kN	弯矩 M /(kN·m)
$K=1.0$ MPa/cm	0°	−5674.0	0.0	−125.1	$K=1.5$ MPa/cm	0°	−5681.1	0.0	−116.1
	10°	−5679.2	−28.5	−118.2		10°	−5686.2	−27.3	−109.5
	20°	−5695.4	−54.8	−95.1		20°	−5702.1	−52.4	−87.3
	30°	−5720.8	−73.8	−58.8		30°	−5727.0	−70.3	−52.6
	40°	−5752.5	−82.8	−14.1		40°	−5758.0	−78.2	−10.2
	50°	−5786.8	−80.1	32.7		50°	−5791.4	−74.7	33.8
	60°	−5819.8	−65.6	75.0		60°	−5823.4	−59.5	72.8
	70°	−5847.5	−40.1	106.2		70°	−5850.0	−33.5	100.4
	80°	−5866.7	−6.0	120.6		80°	−5868.0	1.0	110.9
	90°	−5875.3	28.3	114.7		90°	−5875.7	31.8	101.9
	100°	−5877.5	48.7	92.8		100°	−5877.6	48.0	79.1
	110°	−5879.1	57.5	62.5		110°	−5879.7	53.1	50.1
	120°	−5881.4	57.8	29.5		120°	−5883.0	50.5	20.4
	130°	−5884.5	52.7	−2.2		130°	−5887.5	43.6	−6.6
	140°	−5887.0	45.2	−30.3		140°	−5891.6	35.9	−29.4
	150°	−5889.6	35.4	−53.5		150°	−5895.8	27.0	−47.6
	160°	−5892.8	23.9	−70.8		160°	−5900.3	17.6	−60.5
	170°	−5894.2	12.4	−81.4		170°	−5902.5	9.0	−68.3
	180°	−5894.5	0.0	−85.4		180°	−5903.2	0.0	−71.2
$K=2.0$ MPa/cm	0°	−5119.3	0.0	−109.3	$K=2.5$ MPa/cm	0°	−5123.6	0.0	−103.9
	10°	−5124.2	−26.4	−102.9		10°	−5128.5	−25.7	−97.7
	20°	−5139.9	−50.6	−81.5		20°	−5144.0	−49.1	−76.8
	30°	−5164.4	−67.6	−48.0		30°	−5168.2	−65.5	−44.4
	40°	−5194.9	−74.8	−7.4		40°	−5198.2	−72.0	−5.1
	50°	−5227.7	−70.6	34.5		50°	−5230.5	−67.3	35.1
	60°	−5258.8	−54.8	71.0		60°	−5261.0	−51.0	69.6
	70°	−5284.6	−28.4	95.8		70°	−5286.1	−24.3	92.2
	80°	−5301.7	6.0	103.4		80°	−5302.5	9.9	97.4
	90°	−5308.7	34.1	92.1		90°	−5309.0	35.7	84.5
	100°	−5310.5	47.3	68.8		100°	−5310.7	46.5	60.9
	110°	−5312.9	49.5	41.0		110°	−5313.5	46.6	34.1
	120°	−5317.0	44.9	13.9		120°	−5318.2	40.5	9.0
	130°	−5322.7	37.0	−9.6		130°	−5324.7	31.8	−11.8
	140°	−5327.9	29.1	−28.6		140°	−5330.9	24.0	−27.9
	150°	−5333.2	21.0	−43.1		150°	−5337.0	16.6	−39.5
	160°	−5338.6	13.2	−53.0		160°	−5343.1	9.9	−47.2
	170°	−5341.5	6.6	−58.7		170°	−5346.4	4.8	−51.4
	180°	−5342.4	0.0	−60.8		180°	−5347.4	0.0	−53.0

围岩弹性抗力系数	断面与竖向圆心夹角	轴力 N /kN	剪力 V /kN	弯矩 M /(kN·m)	围岩弹性抗力系数	断面与竖向圆心夹角	轴力 N /kN	剪力 V /kN	弯矩 M /(kN·m)
$K=0$	0°	−6150.2	−0.4	−153.3	$K=0$	100°	−6354.1	42.2	136.9
	10°	−6155.6	−31.2	−145.6		110°	−6329.6	64.2	106.3
	20°	−6172.7	−60.2	−119.7		120°	−6304.8	75.3	64.5
	30°	−6199.6	−81.8	−78.7		130°	−6281.3	77.2	17.9
	40°	−6233.3	−93.1	−27.6		140°	−6259.2	72.4	−28.5
	50°	−6270.1	−92.6	27.2		150°	−6240.7	60.7	−70.2
	60°	−6305.9	−79.7	78.8		160°	−6227.7	43.5	−103.2
	70°	−6336.8	−55.4	120.3		170°	−6218.7	23.3	−124.7
	80°	−6359.5	−22.0	145.7		180°	−6215.4	0.4	−133.0
	90°	−6371.3	17.5	150.5					

衬砌正断面承载力设计，按《水工混凝土结构设计规范》（SL/T 191—96）规定的钢筋混凝土正断面承载力计算，考虑小偏心受拉、大偏心受拉、小偏心受压和大偏心受压等受力状态。

3.7.4 斜断面承载力设计

衬砌混凝土的斜断面承载力计算公式为

$$V \leqslant \frac{1}{\gamma_d}(0.07 f_c b h_0) \tag{3.2}$$

式中　f_c——混凝土轴心抗压强度设计值；

　　　b——断面宽度，取单位宽度 1m 计算；

　　　h_0——断面有效高度，$h_0 = h - a_s$；其中，a_s 为正断面受力钢筋 A_s 重心至最近断面边缘的距离；

　　　γ_d——结构系数，根据规范 SL/T 191—96，取 $\gamma_d = 1.25$。

3.7.5 断面配筋构造要求

根据《水工混凝土结构设计规范》（SL/T 191—96）规定，当钢筋等级取用Ⅱ级时，受拉或偏心受拉断面的受拉钢筋配筋率不应小于 0.15%；预拉区通钢筋采用变形钢筋不宜小于 14mm，并应沿预拉区的外边缘均匀配置。因此，确定隧洞衬砌环向每米长度普通钢筋断面面积最小值为 $A_s = 0.15\% \times 1000 \times (500 - 60) = 660\text{mm}^2/\text{m}$，普通钢筋取用 Φ18，间距不大于 386mm。

3.7.6 普通钢筋设计成果

根据衬砌结构所处环境条件并考虑冲刷因素，取普通钢筋的混凝土保护层厚度均为 50mm。

计算结果表明，不同围岩弹性抗力在不同工况下，隧洞衬砌混凝土环向内侧和外侧均不需配置钢筋。隧洞预应力衬砌混凝土的抗剪能力为 682.5kN，大于各工况相应断面剪力设计值，不需要配置弯起钢筋。

取不同围岩弹性抗力系数下隧洞衬砌结构钢筋配置相同。结合构造要求，隧洞衬砌混凝土沿环向在内、外侧配置 $\Phi18@200$ 钢筋（$A_s=1272.5\text{mm}^2/\text{m}$）。根据规范 SL/T 191—96 中 10.1.2 之规定，沿隧洞纵轴线衬砌内侧配置 $\Phi14@200$ 钢筋（$A_s=769.5\text{mm}^2/\text{m}$），外侧配置 $\Phi14@221$ 钢筋（$A_s=696.4\text{mm}^2/\text{m}$）。

隧洞衬砌混凝土结构钢筋的布置如图 3.33 所示。

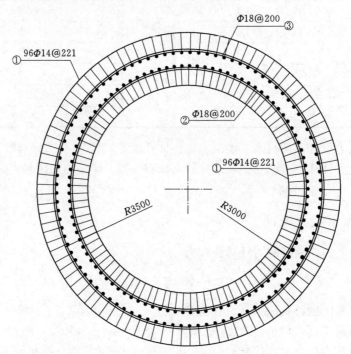

图 3.33 隧洞衬砌混凝土结构钢筋布置图

第 4 章

隧洞衬砌抗震
性能分析

近年来，我国大型水利枢纽工程和跨流域调水工程中较多采用了大直径、浅埋式隧洞和管涵结构，例如黄河小浪底水利枢纽工程排沙洞、东江—深圳供水改造工程输水管涵、南水北调中线工程穿河倒虹吸、大伙房水库供水工程（二期）输水隧洞等，这些隧洞和管涵均为整个工程项目的关键所在。在地震作用下，由于周围岩土介质的约束，这些地下结构对地层位移具有追随性，地震响应不同于地面结构。但因位于地表层、埋深较浅（往往仅有十几米甚至几米），其地震响应也不同于深埋的地下结构。

根据统计资料，全球自 20 世纪以来发生的多次大地震，都对地下结构产生了巨大破坏。1923 年日本东京大地震，使近震中的 25 座隧洞受到破坏；1971 年美国圣佛南都地震，对附近 5 座隧洞造成了巨大损害；1978 年日本伊豆地震，导致附近某座隧洞仰拱及衬砌严重开裂、中央拱顶混凝土剥落穿顶、钢筋被拉断；1995 年日本阪神大地震，使包括神户和大阪的地铁盾构隧洞在内的多座隧洞发生了破坏，有些还造成了地面塌陷；2008 年我国汶川大地震，使地下交通设施遭受了严重破坏，出现了大范围隧洞整体塌陷封洞等震害。根据现场调查资料分析，地下隧洞产生震害的主要形式有以下两点：

（1）洞口段震害。主要形式表现为：洞口边仰坡垮塌、掩埋洞口，洞口落石，局部边仰坡地面开裂变形，边仰坡防护、洞门墙开裂、渗水（未垮塌），衬砌开裂变形、渗水等。

（2）洞身段震害。主要形式表现为：衬砌出现纵向、环向和斜向裂缝并渗水，衬砌掉块、错台，衬砌边墙局部或上部拱圈整体掉落，钢筋扭曲变形甚至断裂，钢支撑扭曲变形，隧洞整体塌陷封洞等。洞身初期支护和二次衬砌发生严重损坏地段大多处于高地应力区段或者穿越软弱破碎带区域。

因此，高度重视地下结构的抗震问题，加强相关科学研究具有重要意义。当前，我国对水工埋涵和隧洞衬砌结构抗震性能的研究尚处于初级阶段，尚未建立科学系统的抗震设计规范体系。对水工埋涵和隧洞抗震减灾理论进行深入系统的研究是一个现实又迫切的课题。

4.1 隧洞有限元模型及分析方法

4.1.1 基本参数选取

1. 围岩弹抗

隧洞抗震计算模型采用Ⅲ类围岩，岩性为混合花岗岩，弹抗为 $E_w=31.7\text{GPa}$，泊松比为 0.30，容重 $\gamma_w=23.6\text{kN/m}^3$，黏聚力 $C=9.2\text{MPa}$，内摩擦角 $\varphi=39.5°$，不考虑体积膨胀，即膨胀角 $\varphi_f=0$。

围岩弹抗是反映围岩类型的主要指标之一，当围岩构成变化时，围岩弹抗随之变化。一般情况下，坚硬岩石的弹抗较高，中硬土次之，中软土和软土较小。在分析围岩弹抗的变化对混凝土衬砌动力特性的影响时，围岩弹抗分别取 E_w、$3E_w/4$、$E_w/2$、$E_w/4$、$E_w/10$ 和 $E_w/100$ 共 6 种情况。

2. 埋深

隧洞埋深指隧洞开挖断面的顶部至自然地面的垂直距离。本工程埋深大于 30m 的隧洞段总长度约 16.5km，占隧洞总长的 72%，洞室最大埋深约 120m，一般埋深在 30～70m 之间；埋深小于 30m 的隧洞段总长约 6.5km，约占整个洞线长度的 28%，分布于隧洞穿越的 14 处河谷和沟谷，其中心太河、夜海沟、郎士沟段的埋深最浅处仅 7～11m，其余沟谷埋深多在 20～30m 之间。

不同埋深条件下，隧洞所处的围岩压力状态不同，隧洞在地震作用下的地震响应也会产生变化。根据隧洞设计规范计算围岩压力时，将隧洞划分为深埋隧洞和浅埋隧洞两大类的方法，取隧洞顶部覆盖层形成压力拱（自然拱）的临界深度（H_q）为塌方平均高度（h_q，表 4.1）的 2～2.5 倍，即 $H_q=(2～2.5)h_q$。

表 4.1　　各类围岩塌方高度平均值　　单位：m

围岩类别	Ⅰ	Ⅱ	Ⅲ	Ⅳ	Ⅴ	Ⅵ
塌方高度平均值 h_q	0.6	1.2	2.3	4.7	10.0	19.15

由于浅埋隧洞上部的覆盖层容易受到外界的扰动，可能会产生洞顶坍塌，或者地表开裂下陷，进而产生较大的围岩压力。因此，浅埋隧洞的围岩自承能力相对较差，甚至无自承能力，在地震作用下衬砌结构更加容易破坏。本章主要针对浅埋隧洞，故埋深取 50m 以下，最大值取 45m。

结合大伙房水库供水（二期）工程输水隧洞工程实际，假定围岩的其他条件不发生变化，建立三维均质围岩模型（忽略围岩不均匀性的影响）和三维非均质围岩模型（考虑围岩不均匀性的影响），选取埋深 10m 为基本计算参数，埋深从 10m 到 45m，按 5m 差值计算 8 种埋深情况，进行埋深变化对混凝土衬砌地震响应的影响。

3. 地下水分布情况

隧洞穿越低山丘陵区，洞室部位地下水发育均较差，隧洞围岩多处于弱风化岩之中，局部为强风化岩，节理裂隙发育一般，岩体透水性多为微透水～弱透水，局部中等透水，隧洞开挖过程中大部分洞段将以面状滴水或线流为主。

隧洞穿越沟谷区，多为较不发育的河谷，松散层薄，地表、地下水量均较小，个别穿越沟谷部位如东洲河、塔峪古城子河为较大河谷，水量稍大，构造裂隙水发育地带如房身沟，地下水较丰富，隧洞穿越此沟谷或断层带附近有产生突水的可能。

由于地下水的影响属于静力作用，可用地下水影响的公式进行计算，本章仅从动力分析的角度研究隧洞混凝土衬砌的动力性能，故不考虑地下水的影响。

4. 地质构造与地震基本烈度

本工程区位于中朝准地台胶辽台隆及华北断坳之上，区内有抚顺～营口超岩石圈断裂带与二界沟岩石圈断裂带等区域性深大断裂通过，区域构造稳定性较差。工程区内共发现27条断层，其中有19条穿越洞线，一般沿河谷发育，以较大角度与洞线斜交，以压或压扭性为主，造成附近岩体破碎，风化强烈。

本工程区位于华北地震区内，区内抚顺—营口断裂带近代活动频繁，历史地震发生频繁，最大为1975年海城发生的7.5级大地震；小震偶有发生。

根据《中国地震动参数区划图》（GB 18306—2015），本工程区地震动峰值加速度以 $0.10g$ 为主，隧洞进口抚顺地区为 $0.05g$，地震基本烈度按Ⅶ度考虑。

本章计算，地震基本烈度按Ⅶ度考虑，采用地震动峰值加速度为 $0.10g$。

5. 水体

隧洞内水体的密度 $\rho_w = 1000\text{kg/m}^3$，声波在水中的传播速度为1340m/s。

根据输水隧洞不同的工作状态，洞内的水位可能是不同的。隧洞在建设期内，洞内是无水的；隧洞投入正常运营后，洞内是充满水的；隧洞运营过程中检修期内，洞内的水位是受控的。因此，有必要研究洞内水体对混凝土衬砌地震响应的影响。

6. 衬砌混凝土厚度

根据国内外统计资料，混凝土衬砌厚度一般采用隧洞内径 d 的 $1/12 \sim 1/4$。为了分析衬砌厚度对混凝土衬砌动力特性的影响，选取厚度为 $d/12$ 即0.5m为基本计算参数，选取 $d/10$、$d/8.57$ 和 $d/7.5$，即0.6m、0.7m和0.8m，进行衬砌厚度变化对混凝土衬砌抗震性能影响的对比分析。

采用C40混凝土，其弹性模量 $E_c = 32.5\text{GPa}$，泊松比 $\mu_c = 0.20$，容重 $\gamma_c = 25.0\text{kN/m}^3$。

4.1.2 隧洞有限元模型

本章采用现代岩体力学模型，使用ANSYS大型有限元软件建立输水隧洞有限元模型，并对其进行动力特性和地震响应分析。

现代岩体力学模型将支护结构和围岩视为一体，作为共同承载的隧洞结构体系，围岩是直接的承载单元，支护结构则用来约束和限制围岩的变形，故又称为围岩-结构共同作用模型。该模型可以考虑各种几何形状、围岩特性和支护材料的非线性特性、开挖面空间效应所形成的三维状态及地质中不连续面等。利用该模型进行隧洞设计的关键是：如何确定围岩初始应力场和表示材料非线性特性的各种参数及其变化情况。一旦这些问题解决了，即可用有限元法求出围岩与支护结构的应力及位移状态。

1. 平面有限元模型

隧洞纵向比较长、横向断面比较小，可简化为平面应变问题。使用 Plane 42 单元模拟混凝土衬砌和围岩，使用 Fluid 29 声学流体单元模拟水体，水体分为与混凝土衬砌内壁相接触和与混凝土衬砌无接触的两部分。空洞时平面模型共有 1374 个单元，其中衬砌432 个单元、围岩 942 各单元，均为 Plane 42 单元，如图 4.1 和图 4.2 所示。隧洞内径 $d=6$m，外径 $D=$ 内径$+2$ 倍的衬砌厚度。

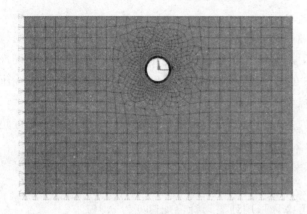
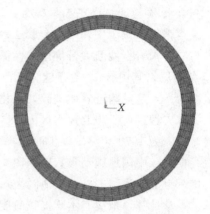

图 4.1　隧洞的平面模型图　　　　图 4.2　混凝土衬砌的平面模型

从半无限理论上讲，隧洞的开挖施工仅对开挖洞室周围地层有影响，随着远离隧洞距离的增大，其影响越来越小。因此，在计算中无需采用很大的计算边界，只要取足够的计算边界就可以得出合理的计算结果。通常取隧洞左右两侧的计算边界为隧洞外径的 3～5倍，而隧洞下方计算边界取为隧洞外径的 2 倍以上，隧洞的上边界到地面。同时，可根据隧洞的对称性，取分析区域的 1/2 或 1/4 作为计算区域。

本章计算沿隧洞中心两侧各取 5 D 倍，在两侧边施加水平向约束 UX，即施加 X 向约束；上表面取至计算选取的埋深顶表面，下表面取至 4.5 D 基岩，并在下表面施加竖向约束 UY，即施加 Y 向约束。

计算模型的瑞利系数 $\alpha=0.03$，$\beta=0.01$。

根据计算的需要，必要时需对上述部分参数做改动。如分析埋深、衬砌厚度、围岩弹抗对混凝土衬砌动力特性和地震响应的影响时，需要修改围岩的埋深、衬砌厚度和围岩弹抗等参数；在分析水体对衬砌动力特性和地震响应的影响时，根据隧洞不同的工作状态，需修改洞内水体的水位，如正常工作状态时的满管，检修准备状态时 3/4 管、1/2 管和 1/4管及检修时的空管等。

2. 三维均质有限元模型

在不考虑围岩不均匀性影响的情况下，取一个管节的长度 10.5m，使用 Solid 45 单元模拟混凝土衬砌和围岩，采用 Fluid30 声学流体单元模拟水体。空洞时三维均质模型共有10992 个单元，其中混凝土衬砌共 3456 个单元，围岩共 7536 个单元，均为 Solid 45 单元，如图 4.3 和图 4.4 所示。

隧洞三维均质模型要在纵向对围岩施加 Z 向约束，但对衬砌不施加任何纵向约束，

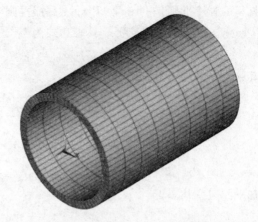

图 4.3　隧洞的三维均质模型　　　　　图 4.4　混凝土衬砌的三维模型

因为计算长度为一节 10.5m，节间有橡胶伸缩垫，使混凝土衬砌在纵向允许微小的伸缩。

3. 三维非均质有限元模型

由于隧洞穿越Ⅱ、Ⅲ、Ⅳ和Ⅴ等 4 类围岩，地形地质条件差别很大。围岩的不均匀性表现各异，存在纵向不均匀性、横向不均匀性，以及纵向和横向都不均匀的综合不均匀性。

针对纵向不均匀性，本章从围岩弹抗变化的角度考虑，将一个管节 10.5m 长的围岩分为前后两半段，假定前半段和后半段围岩的弹抗比为 2∶1（考虑同一地区围岩的连续性，前后围岩弹抗变化不十分剧烈，否则就有断层出现）。在各类计算中，假定前后两段围岩的弹抗比始终保持为 2∶1，仅仅改变围岩弹抗的数值。

满管时，三维非均质模型如图 4.5 和图 4.6 所示，只是内部参数变化，其他条件不发生变化。

图 4.5　满水时隧洞三维非均质模型　　　图 4.6　满水时混凝土衬砌的三维模型

4.1.3　围岩材料的非线性模拟——DP 材料模型

岩石材料受压屈服强度远大于受拉屈服强度，且材料受剪时，颗粒会膨胀，准确描述此类材料的强度准则是 Druck-Prager 屈服准则（DP 材料模型）。在 ANSYS 程序中，就采用 Druck-Prager 屈服准则，其表达式为

$$F=\sqrt{J_2}-\alpha I_1-k=0 \tag{4.1}$$

其中

$$J_2=\frac{1}{6}\left[(\sigma_1-\sigma_2)^2+(\sigma_2-\sigma_3)^2+(\sigma_3-\sigma_1)^2\right]$$

$$=\frac{1}{6}\left[(\sigma_x-\sigma_y)^2+(\sigma_y-\sigma_z)^2+(\sigma_z-\sigma_x)^2+6(\tau^2{}_{xy}+\tau^2{}_{yz}+\tau^2{}_{zx})^2\right] \tag{4.2}$$

$$I_1=\sigma_1+\sigma_2+\sigma_3=\sigma_x+\sigma_y+\sigma_z \tag{4.3}$$

在平面应变状态下

$$\alpha=\frac{\sin\varphi}{\sqrt{3}\sqrt{3+\sin^2\varphi}} \tag{4.4}$$

$$k=\frac{\sqrt{3}\cos\varphi}{\sqrt{3}\sqrt{3+\sin^2\varphi}} \tag{4.5}$$

对于受拉破坏时

$$\alpha=\frac{2\sin\varphi}{\sqrt{3}(3+\sin\varphi)} \tag{4.6}$$

$$k=\frac{6c\cos\varphi}{\sqrt{3}(3+\sin\varphi)} \tag{4.7}$$

对于受压破坏时

$$\alpha=\frac{2\sin\varphi}{\sqrt{3}(3-\sin\varphi)} \tag{4.8}$$

$$k=\frac{6c\cos\varphi}{\sqrt{3}(3-\sin\varphi)} \tag{4.9}$$

DP 材料模型含有 3 个力学参数：黏聚力 C、内摩擦角 φ 和膨胀角 φ_f。其中膨胀角 φ_f 用来控制体积膨胀的大小，当膨胀角 $\varphi_f=0$ 时，则不会发生膨胀；当膨胀角 $\varphi_f=\varphi$ 时，则发生严重的体积膨胀。

DP 材料受压屈服强度大于受拉屈服强度，如果已知单轴受拉和受压屈服应力，则可以得到内摩擦角和黏聚力

$$\varphi=\sin^{-1}\left\|\frac{3\sqrt{3}\beta}{2+\sqrt{3}\beta}\right\| \tag{4.10}$$

$$C=\frac{\sigma_y\sqrt{3}(3-\sin\varphi)}{6\cos\varphi} \tag{4.11}$$

其中，β 和 σ_y 由单轴受压屈服应力 σ_c 和受拉屈服应力 σ_t 计算得到

$$\beta=\frac{\sigma_c-\sigma_t}{\sqrt{3}(\sigma_c+\sigma_t)} \tag{4.12}$$

$$\sigma_y=\frac{2\sigma_c\sigma_t}{\sqrt{3}(\sigma_c+\sigma_t)} \tag{4.13}$$

对于 Drucker – Prager 模型，其等效应力 σ_e 的表达式为

$$\sigma_e = 3\beta\sigma_m + \left[\frac{1}{2}\{S\}^{\mathrm{T}}[M]\{S\}\right]^{1/2} \tag{4.14}$$

式中　σ_m——平均应力或静水压力，$\sigma_m = \frac{1}{3}(\sigma_x + \sigma_y + \sigma_z)$；

　　$\{S\}$——偏应力；

　　β——材料常数；

　　$[M]$——Mises 屈服准则中的 $[M]$。

Drucke – Prager 屈服准则是一种经过修正的 Mises 屈服准则，它考虑了静水应力分量的影响，静水应力（侧限压力）越高，则屈服强度越大。

当已知材料的黏聚力 C、内摩擦角 φ 时

$$\beta = \frac{2\sin\varphi}{\sqrt{3}\,(3 - \sin\varphi)} \tag{4.15}$$

$$\sigma_y = \frac{6C\cos\varphi}{\sqrt{3}\,(3 - \sin\varphi)} \tag{4.16}$$

则屈服准则的表达式为

$$F = 3\beta\sigma_m + \left[\frac{1}{2}\{S\}^{\mathrm{T}}[M]\{S\}\right]^{1/2} - \sigma_y = 0 \tag{4.17}$$

对于 Drucker – Prager 模型，当材料参数 β、σ_y 给定后，屈服面在主应力空间内为一圆锥形空间曲面，在 π 平面上为圆形，此圆锥面是六角形的 Mohr – Coulomb 屈服面的外切锥面，如图 4.7 所示。

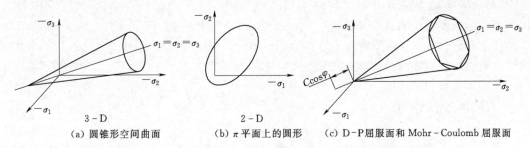

|　　3 - D　　|　　2 - D　　|
|（a）圆锥形空间曲面|（b）π 平面上的圆形|（c）D – P 屈服面和 Mohr – Coulomb 屈服面|

图 4.7　Drucker – Prager 屈服面和 Mohr – Coulomb 屈服面

根据实测资料，本章计算隧洞围岩的黏聚力 $C = 9.2$ MPa，内摩擦角 $\varphi = 39.5°$，体积膨胀角 $\varphi_f = 0$。

4.1.4　水体与结构相互作用的模拟——流固耦合

隧洞在正常供水过程中受到地震作用时，其自身的运动也引起水体的运动，而水体的运动又会引起隧洞结构的变形，反过来又影响到了水体的流动，从而改变水体载荷的分布和大小，实质上产生了水体与结构的相互作用，即流固耦合。一般流固耦合方程的特点是其定义域既有流体域又有固体域，未知变量既有流体变量又有固体变量，而且流体域和固体域通常无法单独求解，只有将二者有机地结合并采用合适的求解方法，才能得到合理的计算结果。

从总体上看，按照耦合机理，流固耦合问题可分为两大类。第一大类问题的特征是两相域部分或全部重叠在一起，难以明显地分开，使描述物理现象的方程，特别是本构方程需要针对具体的物理现象来建立，其耦合效应通过描述问题的微分方程而体现，渗流问题是这类问题的典型例子。第二大类问题的特征是耦合作用仅仅发生在两相交界面上，并由两相耦合面的平衡及协调关系引入方程中，本章涉及的即为此类问题。

目前，数值分析方法对流体和固体都采用有限元进行离散，从流体的 Navier – Stokes 方程出发求解，通过对流体作不可压、无旋、表面小波动等简化方程，最终采用 Laplace 方程或压力方程来求解。

1. 无黏小扰动流动的基本方程

(1) 场方程。

连续方程
$$\dot{\rho} + \rho_0 \nu_{i,j} = 0 \quad (i = 1, 2, 3) \tag{4.18}$$

运动方程
$$\rho_0 \dot{\nu}_i = -p_{,i} \quad (i = 1, 2, 3) \tag{4.19}$$

状态方程
$$p = c_0^2 \rho \tag{4.20}$$

式中　ν_i——流体扰动的流动速度分量；

ρ_0——扰动前流体的质量密度；

ρ、p——扰动引起的质量密度变化和流场压力变化；

c_0——流体中的声速，表示为

$$c_0^2 = \frac{k}{\rho_0} \tag{4.21}$$

式中　k——流体的体积模量。

(2) 边界条件。

1) 自由液面 (S_f)。

不考虑表面的波动（水平液面）：
$$p = 0 \tag{4.22}$$

考虑表面的波动（波动液面）：
$$p = \rho_0 g u_3 \tag{4.23}$$

式中　u_3——垂直方向的位移；

g——重力加速度。

2) 刚性固定边界面 (S_b)。

$$u_n = u_i n_i = 0 \tag{4.24}$$

式 (4.24) 表示在固定面 (S_b) 上流体的法向位移为零，其中 n_i 是固定面的外法线的方向余弦。

2. 以压力 p 为场变量的表达形式

从式 (4.18) ~式 (4.20) 中消去 ν_i 和 p，可以得到以下的场方程

$$p_{,ij} - \frac{1}{c_0^2} \ddot{p} = 0 \tag{4.25}$$

该式是标准的波动方程，它表明无黏小扰动流动问题可以归结为求解以压力 p 为场变量的波动方程。利用式 (4.19) 可将原问题的边界条件式 (4.22) ~式 (4.24) 改写为与方程 (4.25) 相对应的形式。

(1) 自由液面 (S_f)。

对水平液面
$$p = 0 \tag{4.26}$$

对波动液面 $$\ddot{p} = -g p_{,3} \tag{4.27}$$

（2）刚性固定边界面（S_b）： $$p_{,n} = 0 \tag{4.28}$$

可以看出，上述各式中只包含了一个标量场变量，即压力 p。因而每个结点只有一个结点自由度，计算效率较高。所以在通常情况下，流固耦合系统的流体采用以压力 p 为基本变量的表达格式。

3. 流固耦合系统有限元分析的（u_i，p）格式

在流固耦合系统中，固体域的方程通常总是以位移 u_i 作为基本未知量，而流体域的方程采用以流场压力 p 作为基本未知量。相应的有限元表达格式，称之为流固耦合分析的位移-压力（u_i，p）格式。

（1）流固耦合系统的动力学模型。假设流体为无黏、可压缩和小扰动的，且其自由液面为小波动。固体则考虑为线弹性的。以 V_s 和 V_f 分别代表固体域和流体域，S_0 代表流固交界面，S_b 代表流体刚性固定面边界，S_f 代表流体自由表面边界，ξ 为流体自由表面波高，S_u 代表固体位移边界，S_σ 代表固体的力边界，n_f 为流体边界单位外法线向量，n_s 为固体边界单位外法线向量。在流固交界面上任一点处，n_f 和 n_s 的方向相反。有：

1）流体域（V_f 域）。

a. 场方程。 $$p_{,ii} - \frac{1}{c_0^2} \ddot{p} = 0 \tag{4.29}$$

式中 p——流体压力；

c_0——流体中的声速。

b. 边界条件。

刚性固定边界（S_b 边） $$\frac{\partial p}{\partial n_f} = 0 \tag{4.30}$$

自由液面（S_f 边） $$\frac{\partial p}{\partial z} + \frac{1}{g} \ddot{p} = 0 \tag{4.31}$$

2）固体域（V_s 域）。

a. 场方程。 $$\sigma_{ij,j} + f_i = \rho_s \ddot{u}_i \tag{4.32}$$

式中 σ_{ij}——固体应力分量；

$\ddot{u}_i$——固体位移分量；

f_i——固体体积力分量；

ρ_s——固体质量密度。

b. 边界条件。

力边界条件（S_σ）

$$\sigma_{ij} n_{sj} = \overline{T}_i \tag{4.33}$$

位移边界条件（S_u 边）

$$u_i = \overline{u}_i \tag{4.34}$$

式中 $\overline{T}_i$、$\overline{u}_i$——固体上的已知面力分量和位移分量。

3）流固交界面需满足的条件。

a. 运动学条件：流固交界面（S_0）上法向速度应保持连续，即

$$\nu_{fn} = \nu_f n_f = \nu_s n_f = -\nu_s n_s = \nu_{sn} \tag{4.35}$$

b. 连续条件：流固交界面（S_0）上法向力应保持连续，即

$$\sigma_{ij} n_{sj} = \tau_{ij} n_{fj} = -\tau_{ij} n_{sj} \tag{4.36}$$

式中　τ_{ij}——流体应力张量的分量。

对于无黏流体，τ_{ij} 表示为

$$\tau_{ij} = -p\delta_{ij} \tag{4.37}$$

将上式代入式（4.36），则得到

$$\sigma_{ij} n_{sj} = pn_{si} \tag{4.38}$$

（2）流固耦合的有限元方程。

1）将求解域离散化并构造插值函数。

对流体域采用压力格式，则流体单元内的压力分布可以表示为

$$p(x,y,z,t) \approx \sum_{i=1}^{m_f} N_i(x,y,z) p_i(t) = Np^e \tag{4.39}$$

式中　m_f——流体单元的结点数；

　　p^e——单元的结构结点压力向量；

　　N_i——对应结点 i 的插值函数。

2）对固体采用位移格式，则固体单元内的位移分布可以表示为

$$u(x,y,z,t) = \begin{bmatrix} u \\ v \\ w \end{bmatrix} = \sum_{i=1}^{m_s} \overline{N}_i(x,y,z) \begin{bmatrix} u_i \\ v_i \\ w_i \end{bmatrix} = \sum_{i=1}^{m_s} \overline{N}_i(x,y,z) a_i(t) = \overline{N}a^e \tag{4.40}$$

式中　m_s——固体单元的结点数；

　　a^e——单元的结构结点压力向量；

　　$\overline{N}_i$——对应结点 i 的插值函数。

3）有限元求解方程。

流固耦合系统的有限元方程

$$\begin{bmatrix} M_s & 0 \\ -Q^T & M_f \end{bmatrix} \begin{Bmatrix} \ddot{a} \\ \ddot{p} \end{Bmatrix} + \begin{bmatrix} K_s & \dfrac{1}{\rho_f}Q \\ 0 & K_f \end{bmatrix} \begin{Bmatrix} a \\ p \end{Bmatrix} = \begin{Bmatrix} F_s \\ 0 \end{Bmatrix} \tag{4.41}$$

式中　$\ddot{p}$——流体结点压力向量；

　　$\ddot{a}$——固体结点位移向量；

　　Q——流固耦合矩阵；

M_f、K_f——流体质量矩阵和流体刚度矩阵；

　M_s、K_s——固体质量矩阵和固体刚度矩阵；

　　F_s——固体外荷载向量。

各矩阵相应的单元矩阵表达式为

$$M_f^e = \int_{V_f^e} \frac{1}{c_0^2} N^T N \mathrm{d}V + \int_{S_f^e} \frac{1}{g} N^T N \mathrm{d}S \tag{4.42}$$

$$K_f^e = \int_{V_f^e} \frac{\partial N^T}{\partial x_i} \frac{\partial N}{\partial x_i} \mathrm{d}V \tag{4.43}$$

$$Q^e = \int_{S_0^e} \rho_f \overline{N}^{\mathrm{T}} n_s N \, \mathrm{d}S \tag{4.44}$$

$$M_S^e = \int_{V_S^e} \rho_s \overline{N}^{\mathrm{T}} N \, \mathrm{d}V \tag{4.45}$$

$$K_S^e = \int_{V_S^e} B^{\mathrm{T}} D B \, \mathrm{d}V \tag{4.46}$$

$$F_S = \int_{V_S^e} \overline{N}^{\mathrm{T}} f \, \mathrm{d}V + \int_{S_0^e} \overline{N}^{\mathrm{T}} \overline{T} \, \mathrm{d}S \tag{4.47}$$

式中　B——固体的位移-应变关系矩阵。

从式（4.42）可以看出，M_f^e 通常由两部分组成，即

$$M_f^e = M_{fV}^e + M_{fS}^e \tag{4.48}$$

式中　M_{fV}^e——由流体可压缩性引起的质量矩阵；

M_{fS}^e——由流体自由液面波动引起的质量矩阵。

如果假定流体是不可压缩的，同时又不考虑流体自由表面波动的影响，则这两项均为零。这时方程（4.41）可以简化为

$$(M_S + M_S')\ddot{a} + K_S a = F_S \tag{4.49}$$

$$M_S' = \frac{1}{\rho_f} Q K_f^{-1} Q^{\mathrm{T}} \tag{4.50}$$

式（4.50）以固体的附加质量形式代表流体对固体的作用，成为附加质量矩阵。这时流固耦合问题简化为考虑附加质量的固体动力学问题，从而大大简化了流固耦合系统的分析。

4. ANSYS 对动水压力的求解方法——直接耦合方法

直接耦合方法一般只涉及一次分析，使用包括所有必要自由度的耦合单元，通过计算包含所需物理量的单元矩阵或荷载向量的方式进行耦合。本章采用直接耦合法，使用 Solid 42 和 Fluid 29 单元、或 Solid 45 和 Fluid 30 单元模拟隧洞内水体与混凝土衬砌之间的相互作用。

根据通常遇到的流固耦合问题的特点，假设流体是无黏性、可压缩的理想流体，采用固体单元和声学流体单元来建立有限元计算模型。声学流体单元用于模拟流体介质和流体与结构相互作用的分界面。将声学流体单元分为两部分，一部分和混凝土衬砌相接触，另一部分不和混凝土衬砌相接触，可以通过声学流体单元的 Keyopt 值来实现。对与固体相接触的声单元，要确保使用 Keyopt(2)=0，缺省的设置允许流体-结构的相互作用，UX、UY、UZ 和 PRES 作为自由度引起单元矩阵的不对称。对所有其他的声单元，设置 Keyopt(2)=1，使带有 PRES 自由度的单元矩阵对称。声单元需要密度（DENS）和声速（SONC）；如果在流体-结构界面存在声的吸收，利用标记 m_u 来指定边界导纳 β（吸收系数），β 值通常由实验来测定。对结构单元，指定杨氏模量（EX）、密度（DENS）和泊松比（PRXY 或 NUXY）。

在平面应变模型中，采用平面 Plane42 单元模拟混凝土衬砌和围岩，采用 Fluid29 单元模拟隧洞内的水体，各单元的几何和坐标如图 4.8 和图 4.9 所示。

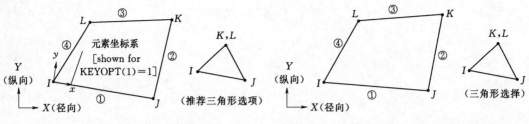

图 4.8　Plane42 单元及相关坐标图　　　　图 4.9　Fluid29 二维声学单元及相关坐标图

　　在空间三维模型（包括均质和非均质模型）中，采用块体 Solid 45 单元模拟混凝土衬砌和围岩，采用 Fluid 30 单元模拟隧洞内的水体，Solid 45 单元和 Fluid 30 单元的几何和坐标如图 4.10 和图 4.11 所示。

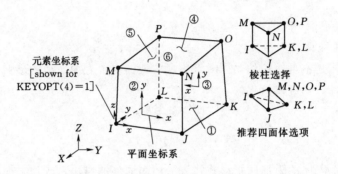

图 4.10　Solid45 单元及相关坐标图

　　在考虑水体和混凝土衬砌内表面的相互作用时，根据隧洞的不同工作状态，分为正常运营状态和检修状态。在正常运营状态下，隧洞内水体是充满的。在检修状态下，洞内水体的水位不是充满的，按水位为隧洞内径的 3/4、1/2、1/4 和无水 4 种情况。

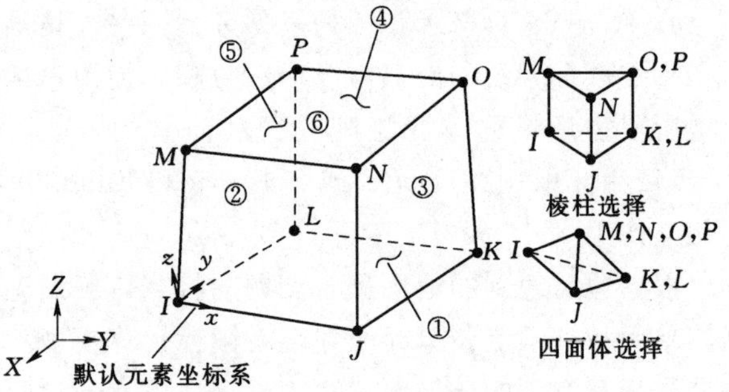

图 4.11　Fluid30 三维声学单元及相关坐标图

4.1.5　地震响应时程分析方法

　　地震使原来静止的结构受到动力作用，产生强迫振动。在地震作用下，结构中产生的内力、变形和位移等称为结构的地震响应。

　　地震作用与结构的动力特性（如结构的自振频率、阻尼等）有密切关系。由于地震时地面运动为一种极不规则的随机运动过程，且工程结构一般为动力特性十分复杂的空间体系，所以确定地震作用要比确定一般荷载复杂得多。目前，我国对重要、复杂的结构物，其抗震计算基本采用时程分析法，得到结构在地震作用下的响应时程，以了解在整个地震持时内的结构响应，以及地震动的振幅、频谱和持时对结构响应的影响。

1. 结构动力基本方程

采用有限元法,把结构离散为有限个单元体,也可以分析结构振动问题以及地震响应问题。在考虑单元特性时,结构所受到的荷载应包括单元的惯性力和阻尼力等。采用有限元法分析结构的地震响应时,根据最小势能原理可以导出结构的动力平衡方程

$$M\ddot{U}(t) + C\dot{U}(t) + KU(t) = F(t) \tag{4.51}$$

式中　$\ddot{U}(t)$——系统的结点加速度向量;

$\dot{U}(t)$——系统的结点速度向量;

$U(t)$——系统的结点位移向量;

M——系统的质量矩阵;

C——系统的阻尼矩阵;

K——系统的刚度矩阵;

$F(t)$——系统的结点荷载向量。

这里 M、C 和 K 可由单元刚度矩阵 $[k]^e$、阻尼矩阵 $[c]^e$ 和质量矩阵 $[m_d]^e$ 集合而成。

$$[k]^e = \iiint_{v^e} [B]^T [D][B] \mathrm{d}v \tag{4.52}$$

$$[c]^e = \iiint_{v^e} \gamma [N]^T [N] \mathrm{d}v \tag{4.53}$$

$$[m_d]^e = \iiint_{v^e} \rho [N]^T [N] \mathrm{d}v \tag{4.54}$$

式中　$[B]$——应变矩阵;

$[D]$——弹性矩阵;

$[N]$——形函数矩阵;

ρ——材料的密度;

γ——材料的阻尼系数。

若忽略阻尼的影响,则基本方程简化为

$$M\ddot{U}(t) + KU(t) = F(t) \tag{4.55}$$

若式(4.55)中右端项为零,即在自由振动下,系统的动力方程为

$$M\ddot{U}(t) + KU(t) = 0 \tag{4.56}$$

根据方程(4.56),可求得系统的固有频率和振型,求解的过程称为模态分析。

2. 结构模态分析

模态分析用于确定系统的振动特性,即结构的固有频率和振型,它们是承受动态载荷结构设计中的重要参数。

(1)振型和频率求解。系统的固有频率和振型的求解,采用振型分解法进行,假定方程(5.56)的解的形式为

$$U = \phi(x)\sin\omega t \tag{4.57}$$

代入方程(4.56)中,可得

$$(K - \omega^2 M)\phi = 0 \qquad (4.58)$$

根据数学知识，可知

$$|K - \omega^2 M| = 0 \qquad (4.59)$$

式（4.59）是一个关于 ω^2 的 n 次实系数方程，称为常系数线性齐次微分方程组（4.56）的特征方程。由该方程解出的 n 个特征值可按升序排列为

$$0 \leqslant \omega_1^2 \leqslant \omega_2^2 \leqslant \cdots \leqslant \omega_n^2 \qquad (4.60)$$

第 i 个特征值 ω_i^2 的算术平方根 ω_i 称为结构的第 i 阶频率。根据求得的自振频率，可以求得式（4.59）的特征向量，即结构的振型。

（2）模态的提取方法。在有限元法中，求解式（4.59）的常用方法有以下几种：

1）分块法（Block Lanczos）：可以在大多数场合中使用；

2）子空间法（Subspace）：比较适合于提取类似中型到大型模型的较少的振型；

3）PowerDynamics 法：适用于提取很大的模型（100000 个自由度以上）的较少振型（<20）；

4）缩减法（Reduced/Householder）：适用于模型中的集中质量不会引起局部振动，例如梁和杆；

5）非对称法（USYM）：适用于声学问题（具有结构耦合作用）和其他类似的具有不对称的质量矩阵 M 和刚度矩阵 K 的问题；

6）阻尼法（DAMP）：在模态分析中一般忽略阻尼，但如果阻尼的效果比较明显，就要使用阻尼法。

模态提取方法主要取决于模型大小和具体的应用场合。本章在不考虑水体的影响时，采用子空间迭代法（Subspace）；在考虑水体对结构的影响时，基本方程中的各矩阵是非对称的，采用非对称法（USYM）。

（3）模态分析的过程。模态分析过程由 4 个主要步骤组成。

1）建立有限元模型；

2）加载并求解；

3）模态扩展；

4）观察结果（振型和频率）。

在模态分析中，假定结构是线性的，质量矩阵和刚度矩阵都是常数，模型中的任何非线性因素都将被忽略。

3. 结构地震响应分析

时程分析法是根据选定的地震波和结构恢复力特性曲线，采用逐步积分的方法对动力方程进行直接积分，从而求得结构在地震过程中每一瞬时的位移、速度和加速度反应。时程分析法不通过坐标变换，直接求解数值积分动力平衡方程（4.51）。

时程分析法是基于以下两种思想：第一种，将本来在任何连续时刻都应满足动力平衡方程的位移 $U(t)$，代之以仅在有限个离散时刻 t_0，t_1，t_2，…，满足方程（4.51）的位移 $U(t)$，从而获得有限个时刻上的近似动力平衡方程；第二种，在时间间隔 $\Delta t_i = t_{i+1} - t_i$ 内，以假设的位移、速度和加速度的变化规律代替实际未知的情况，因此真实解与近似解之间总有不同程度的差异，误差决定于积分每一步所产生的截断误差和舍入误差，以

及这些误差在以后各步计算中的传播情况，其中前者决定了解的收敛性，后者则与算法本身的数值稳定性有关。

一般情况下，取等距时间间隔，从初始时刻 $t=0$ 到某一指定时刻 $t=T$，逐步积分求得动力平衡方程的解。把区间 $[0，T]n$ 等分后，时间间隔 $\Delta t_i = t_{i+1} - t_i$，相应的 $n+1$ 个离散时刻为 $t_i = i\Delta t_i$ $(i=0，1，2，3，\cdots)$。

目前，ANSYS 程序中结构动力分析使用的是 Newmark 时间积分法，在离散的时间点上求解这些方程，在 $t_n + \Delta t$ 时刻，系统动力方程式为

$$[M]\{\ddot{U}_{n+1}\} + [C]\{\dot{U}_{n+1}\} + [K]\{U_{n+1}\} = \{f_{n+1}\} \tag{4.61}$$

式中　　$\{\ddot{U}_{n+1}\}$、$\{\dot{U}_{n+1}\}$ 和 $\{U_{n+1}\}$ ——t_{n+1} 时刻的加速度向量、速度向量和位移向量；

$\{f_{n+1}\}$ ——作用力矢量。

$$\{U_{n+1}\} = \{\widetilde{U}_{n+1}\} + \lambda \Delta t^2 \{\ddot{U}_{n+1}\} \tag{4.62}$$

$$\{\dot{U}_{n+1}\} = \{\widetilde{\dot{U}}_{n+1}\} + \Delta t \gamma \{\ddot{U}_{n+1}\} \tag{4.63}$$

其中

$$\{\widetilde{U}_{n+1}\} = \{U_n\} + \Delta t \{\dot{U}_n\} + \Delta t^2 (1-2\lambda)\{\ddot{U}_n\}/2 \tag{4.64}$$

$$\{\widetilde{\dot{U}}_{n+1}\} = \{\dot{U}_n\} + \Delta t (1-\gamma)\{\ddot{U}_n\} \tag{4.65}$$

式中　　$\{U_n\}$、$\{\dot{U}_n\}$、$\{\ddot{U}_n\}$ ——t_n 时刻的位移向量、速度向量和加速度向量；

λ、γ——Newmark 参数，反映控制方法的精度和稳定性，通常取 $\lambda=0.25$，$\gamma=0.5$；

$\{\widetilde{U}_{n+1}\}$、$\{\widetilde{\dot{U}}_{n+1}\}$ ——预估值；

$\{U_{n+1}\}$、$\{\dot{U}_{n+1}\}$ ——校正值。

当给定初始位移 $\{U_0\}$ 和初始速度 $\{\dot{U}_0\}$ 后，可以从下式求出初始加速度 $\{\ddot{U}_0\}$

$$[M]\{\ddot{U}_0\} = \{f_0\} - [C]\{\dot{U}_0\} - [K]\{U_0\} \tag{4.66}$$

然后将动力问题变成"静力等效问题"，结合 Newton-Raphson 法，求解式 (4.62)~式 (4.66)，具体步骤如下：

(1) 预估值（i 为迭代计算变量）

$$\{U_{n+1}^{(i)}\} = \{\widetilde{U}_{n+1}\} = \{U_n\} + \Delta t \{\dot{U}_n\} + \Delta t^2 (1-2\lambda)\{\ddot{U}_n\}/2 \tag{4.67}$$

$$\{\dot{U}_{n+1}^{(i)}\} = \{\widetilde{\dot{U}}_{n+1}\} = \{\dot{U}_n\} + \Delta t (1-\gamma)\{\ddot{U}_n\} \tag{4.68}$$

$$\{\ddot{U}_{n+1}^{(i)}\} = (\{U_{n+1}^{(i)}\} - \{\widetilde{U}_{n+1}\})/(\Delta t^2 \lambda) = 0 \tag{4.69}$$

(2) 计算残余力

$$\{\varphi^{(i)}\} = \{f_{n+1}\} - [M]\{\ddot{U}_{n+1}^{(i)}\} - [C]\{\dot{U}_{n+1}^{(i)}\} - [K]\{U_{n+1}^{(i)}\} \tag{4.70}$$

(3) 变步时，用下式计算等效刚度矩阵

$$[K^*] = [M]/(\Delta t^2 \lambda) + \gamma [C]/(\Delta t \lambda) + [K] \tag{4.71}$$

(4) 求解位移增量

$$[K^*]\{\Delta U^{(i)}\} = \{\varphi^{(i)}\} \tag{4.72}$$

（5）修正位移、速度、加速度

$$\{U_{n+1}^{(i+1)}\} = \{U_{n+1}^{(i)}\} + \{\Delta U^{(i)}\} \tag{4.73}$$

$$\{\ddot{U}_{n+1}^{(i+1)}\} = (\{U_{n+1}^{(i+1)}\} - \{\widetilde{U}_{n+1}\})/(\Delta t^2 \lambda) \tag{4.74}$$

$$\{\dot{U}_{n+1}^{(i+1)}\} = \{\dot{U}_{n+1}^{(i)}\} + \Delta t \gamma \{\ddot{U}_{n+1}^{(i+1)}\} \tag{4.75}$$

（6）如果 $\{\Delta U^{(i)}\}$ 和 $\{\varphi^{(i)}\}$ 或两者之一不满足收敛条件，则令 $i=i+1$ 并转到第（2）步，否则继续下去。

（7）为在下一时间步内用，令

$$\{U_{n+1}\} = \{U_{n+1}^{(i+1)}\} \tag{4.76}$$

$$\{\dot{U}_{n+1}\} = \{\dot{U}_{n+1}^{(i+1)}\} \tag{4.77}$$

$$\{\ddot{U}_{n+1}\} = \{\ddot{U}_{n+1}^{(i+1)}\} \tag{4.78}$$

同时令 $n=n+1$，形成新的刚度矩阵 $[K]$，进行新的循环。

4. 结构地震响应求解

瞬态动力学分析可采用 3 种方法：

（1）完全（Full）法：采用完整的系统矩阵计算瞬态响应（没有矩阵缩减）。它是三种方法中功能最强的，允许包括各类非线性特性（塑性、大变形、大应变等）。

（2）缩减（Reduced）法：通过采用主自由度及缩减矩阵压缩问题规模。在主自由度处的位移被计算出来后，ANSYS 可将解扩展到原有的完整自由度集上。

（3）模态叠加法：通过对模态分析得到的振型（特征值）乘上因子并求和来计算结构的响应。

本章采用完全（Full）法进行结构地震响应求解。

4.1.6　地震波的选取和输入

地震作为一种自然现象，其规模、产生概率和地震的波形特征均具有随机性。目前国内外已经积累了一定数量的强震记录可供时程分析选用。这些记录由于能真实反映地震动的特点，已被广泛应用于重要工程的抗震设计分析。

时程分析法将地震动和结构响应视为确定性的量，即作为时间的函数，而地震动是一个随机过程，结构的地震响应也是一个随机过程，一条地震动时程只是地震动随机过程的一次抽样，结构响应也同样如此。大量的计算结果表明，采用不同的地震记录，得到的内力、位移等结果差别很大。因而，选择合适的地震波是时程分析法的关键。

1. 地震波的选取

地震波的选取原则是使输入地震波的特性和建筑场地的条件相符合，主要参数有地震烈度、地震强度参数、场地的土壤类别、卓越周期和反应谱等。选择地震波时应选其主要周期与建筑场地卓越周期接近的地震波，还要满足地震活动三要素的要求：频谱特性（可用地震影响系数曲线表征，依据所处的建筑场地类别和设计地震分组确定）、幅值（一般按规范所列地震加速度最大值采用）和地震加速度时程曲线持续时间（一般为结构基本周期的 5~10 倍）。

现行规范要求：选用数字化地震波应按建筑场地类别和设计地震分组选用不少于两组的实际强震记录和一组人工模拟的加速度时程曲线，其平均地震影响系数曲线应与振型分解反应谱法所采用的地震影响系数曲线在统计意义上相符。

地震动的幅值可以是地震动加速度、速度、位移三者之一的峰值或某种意义的有效值。在以静力学和拟静力学为基础的抗震设计中，地震动幅值的大小直接反映了其产生的能量和引起结构变形的大小，是衡量地震对结构物作用大小的尺度。当以地震烈度为设防标准时，往往对不同的烈度给出相应的峰值加速度和地震系数。

实际上，由于地震记录受震源、传播介质、场地条件等各种因素的影响，具有很大的不确定性。即使在同一地点，在先后发生的不同地震中所记录的加速度时程曲线的形状、大小和对应的反应谱特征也不一样。地震加速度时程一般可以采用以下 3 种方法生成：

（1）直接记录到的地震波。该法是把一些著名的强震记录作为输入波，如 Taft 波、Ei-centr 波和天津波等。但是，随着对地震波三要素（最大峰值、频谱特性、持续时间）的深入理解，越来越注意场地条件、传播途径、震源距离、震级等因素的影响，力求所选用的记录波三要素与当地估计的地震波三要素相吻合，而这往往难以做到。

（2）以一定原则生成的人工地震波。

（3）选用类似场地条件的实测地震记录，通过调整加速度幅值和时间尺度修正其频谱，以得到符合场地的地震波记录。

本章采用第三种方法，调整 Taft 波和天津波的峰值和记录时间间隔，使之符合 7 级抗震设防要求。

2. 地震波修正

在选择并输入地震波时，首先要根据场地条件，对所选择的地震波进行修正，即修正其加速度振幅的峰值和卓越周期。

（1）地震波加速度振幅的缩放。设某一地震记录 $x_\tau(t)$，其峰值加速度 $a_{\tau max}$，现需调整到峰值加速度 a_{max}。令

$$\beta = a_{max}/a_{\tau max} \tag{4.79}$$

则 $x(t)$ 将具有所要求的峰值加速度 a_{max}，其频谱特性和持续时间与 $x_\tau(t)$ 无任何改变，仅强度发生了 β 倍变化。

（2）地震波卓越周期的调整。设地震加速度记录 $x_\tau(t)$，其加速度反应谱为 $s_{a\tau}(T)$，通过缩放因子 α（$\alpha > 0$）可得

$$x(t) = x_\tau(\alpha t) \tag{4.80}$$

$$s_a(T) = s_{a\tau}(\alpha T) \tag{4.81}$$

式（4.80）表明，当地面运动加速度记录沿时间轴以因子 α 压缩（$\alpha > 1$）或拉伸（$\alpha < 1$）时，其对应的加速度反应谱周期轴以相同的比例压缩或拉伸，地震波持续时间也以相应比例压缩或拉伸。

3. 地震波的输入

本章计算隧洞的抗震设防烈度为 7 度，即地震动加速度为 $0.1g$。根据抗震规范要求，采用两条地震加速度记录，分别为 Taft 波和天津波。首先按照上述调整方法将这两条地震加速度的峰值调整为 $0.1g$，同时将地震动的卓越周期调整为 $0.02s$。计算时，输入调整

后的 Taft 波，并用天津波进行复核。除了分析地震波入射角对隧洞混凝土衬砌地震响应的影响时改变入射角以外，其他各节输入的地震波均为垂直隧洞轴向，即地震入射角为 0°。

Taft 波是 1952 年美国加利弗尼亚（California）的 Taft 地震记录，震级 7.1，震中距 70km，最大加速度南北分量为 0.1557g（m/s²），持续时间 54.36s，记录时间间隔为 0.02s。天津地震波是 1976 年唐山地震的天津宁河地震波记录，震级 6.9，震中距 65km，最大加速度南北分量为 0.1487g（m/s²），持续时间 19.19s，记录时间间隔为 0.01s。两条地震波的震级、震中距和最大加速度都比较接近，不同的是两者记录的时间间隔不同，且前者持续时间更长。

将 Taft 波和天津波的加速度峰值均调整为 0.1g（m/s²），符合 7 度抗震设防要求，时间间隔均调整为 0.02s，调整后的波形图如图 4.12 和图 4.13 所示。

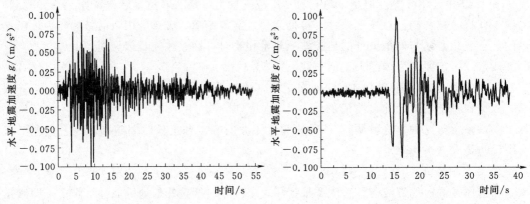

图 4.12　Taft 波地震加速度波形图　　　　图 4.13　天津波地震加速度波形图

4.2　隧洞混凝土衬砌动力特性分析

4.2.1　埋深 10m 时混凝土衬砌的动力特性

按平面应变有限元模型，使用 Subspace 法提取混凝土衬砌的前 10 阶频率和振型，计算结果见表 4.2。混凝土衬砌的基频为 18.89Hz，各阶频率对应的振型分别为（图 4.14）：第 1 阶、第 3 阶振型以衬砌随围岩的横向平移为主，第 2 阶、第 4 阶、第 10 阶振型以衬砌竖向平移为主，第 5 阶、第 6 阶、第 8 阶振型以衬砌绕隧洞中心线的晃动为主，第 7 阶振型以衬砌竖向挤压为主，第 9 阶振型为衬砌随围岩径向胀缩。

表 4.2　　　　　　　　　　　混凝土衬砌的前 10 阶频率和振型

阶次	平面和三维均质围岩 频率/Hz	三维非均质围岩 频率/Hz	变化情况 /%	对应振型
1	18.89	16.32	−13.6	随围岩横向平移
2	22.31	19.11	−14.3	随围岩竖向平移

阶次	平面和三维均质围岩	三维非均质围岩	变化情况 /%	对应振型
	频率/Hz	频率/Hz		
3	28.91	24.78	−14.3	随围岩横向平移
4	29.81	25.67	−13.9	随围岩竖向平移
5	37.01	31.73	−14.3	绕隧洞中心线的晃动
6	41.62	35.76	−14.1	绕隧洞中心线的晃动
7	44.47	38.27	−13.9	随围岩竖向挤压
8	49.11	42.07	−14.3	绕隧洞中心线的晃动
9	56.15	47.85	−14.8	随围岩径向胀缩
10	57.40	48.81	−15.0	随围岩竖向平移

(a) 第 1 阶(f_1=18.89Hz)　(b) 第 2 阶(f_2=22.31Hz)　(c) 第 3 阶(f_3=28.91Hz)　(d)第 4 阶(f_4=29.81Hz)

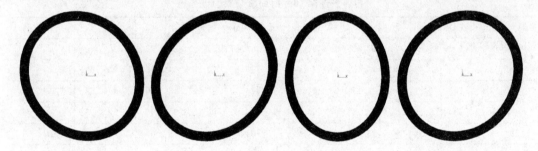

(e) 第 5 阶(f_5=37.01Hz)　(f) 第 6 阶(f_6=41.62Hz)　(g) 第 7 阶(f_7=44.47Hz)　(h) 第 8 阶(f_8=49.11Hz)

(i) 第 9 阶(f_9=56.15Hz)　　　　　(j)第 10 阶(f_{10}=57.40Hz)

图 4.14　隧洞混凝土衬砌的各阶频率和振型

在基本参数与平面模型一致的条件下，按照三维均质围岩模型计算的混凝土衬砌动力特性，与平面应变模型是完全一致的。这表明在考虑围岩均匀的情况下，使用平面应变模型进行计算是可行的。

按照三维非均质围岩模型和参数计算混凝土衬砌的动力特性，在隧洞内无水、围岩前半段的弹性阻抗取为 E_w，后半段的弹性阻抗取为 $E_w/2$ 的情况下，计算结果见表 4.2。从表 4.2 可知，同均质围岩模型的各阶频率相比，非均质围岩模型中混凝土衬砌的频率减小了约 14%，但是各阶频率对应的振型并没有发生变化。这表明在考虑围岩非均质情况下，由于围岩的弹性阻抗减小，模型的整体刚度降低而使衬砌的振动频率减小，但是衬砌的振型并未发生变化。

4.2.2　埋深对混凝土衬砌动力特性的影响

按平面应变有限元模型，不同埋深时混凝土衬砌的前 10 阶频率及相对于埋深 10m 时同阶频率的百分比见表 4.3。从表 4.3 可知，随着埋深的增加，混凝土衬砌的同阶频率均有所减小。埋深 10m 时，衬砌的基频为 18.89Hz；埋深 15～45m 时，衬砌的基频分别为埋深 10m 时的 94%、90%、87%、81%、75%、70% 和 66%；埋深每增加 5m，混凝土衬砌的基频约减少 5%。其他各阶频率的变化情况如图 4.15 所示，除了第 4 阶频率随着埋深的变化很小外，其他各阶频率均随着埋深增加呈现变化先大后小、最后趋于稳定的规律。

表 4.3　　不同埋深时混凝土衬砌的前 10 阶频率（Hz）及
相对于埋深 10m 时同阶频率的百分比

阶次	10m	%	15m	%	20m	%	25m	%	30m	%	35m	%	40m	%	45m	%
1	18.89	100	17.84	94	17.02	90	16.39	87	15.31	81	14.21	75	13.25	70	12.42	66
2	22.31	100	20.01	90	18.15	81	16.61	74	15.91	71	15.54	70	15.26	68	15.04	67
3	28.91	100	28.28	98	27.75	96	27.25	94	26.70	92	26.10	90	25.44	88	24.76	86
4	29.81	100	29.26	98	28.92	97	28.73	96	28.62	96	28.56	96	28.53	96	28.52	96
5	37.02	100	34.96	94	33.34	90	32.07	87	31.08	84	30.33	82	29.75	80	29.30	79
6	41.62	100	41.67	100	41.13	99	39.95	96	38.15	92	36.46	88	35.04	84	33.86	81
7	44.48	100	42.59	96	41.60	94	40.10	90	38.95	88	38.07	86	37.27	84	36.52	82
8	49.11	100	45.73	93	43.19	88	42.48	87	42.56	87	42.67	87	40.22	82	37.79	77
9	56.16	100	55.14	98	53.26	95	49.54	88	46.05	82	42.96	76	42.75	76	42.20	75
10	57.41	100	55.96	97	53.96	94	52.23	91	49.83	87	47.01	82	44.48	77	42.82	75

与平面应变模型比较，按三维均质围岩模型计算的埋深变化对混凝土衬砌动力特性的影响是一致的。这再次表明了采用平面应变模型计算隧洞动力特性的可行性。

按三维非均质围岩模型，不同埋深时混凝土衬砌的前 10 阶频率及相对于埋深 10m 时同阶频率的百分比见表 4.4。从表 4.4 可知，在非均质围岩模型中，埋深变化引起的混凝土衬砌振动特性的变化和均质模型中是一致的，不同的是数值有一定比例的减小，约为 14%。

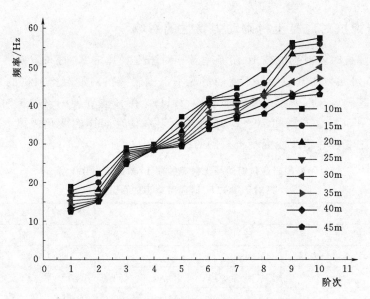

图 4.15　不同埋深时混凝土衬砌的前 10 阶频率

表 4.4　　　　　不同埋深时混凝土衬砌的前 10 阶频率（Hz）及
相对于埋深 10m 时同阶频率的百分比

阶次	10m	15m	%	20m	%	25m	%	30m	%	35m	%	40m	%	45m	%
1	16.32	15.41	95	14.71	90	14.16	87	13.13	80	12.18	75	11.37	70	10.66	65
2	19.11	17.15	90	15.55	81	14.24	75	13.75	72	13.43	70	13.18	69	13.00	68
3	24.78	24.27	98	23.84	96	23.43	95	22.99	93	22.49	91	21.95	89	21.37	86
4	25.67	25.21	98	24.92	97	24.75	96	24.66	96	24.61	96	24.58	96	24.57	96
5	31.73	29.97	94	28.58	90	27.48	87	26.62	84	25.97	82	25.47	80	25.09	79
6	35.76	35.80	100	35.39	99	34.37	96	32.75	92	31.30	88	30.09	84	29.08	81
7	38.27	36.65	96	35.74	93	34.43	90	33.50	88	32.74	86	32.05	84	31.41	82
8	42.07	39.19	93	37.00	88	36.42	87	36.49	87	36.57	87	34.32	82	32.27	77
9	47.85	47.02	98	45.42	95	42.22	88	39.25	82	36.64	77	36.64	77	36.14	76
10	48.81	47.69	98	46.05	94	44.64	91	42.59	91	40.21	82	38.07	78	36.69	75

4.2.3　衬砌厚度对混凝土衬砌动力特性的影响

　　按埋深 10m 计算不同衬砌厚度时，混凝土衬砌的前 10 阶频率。结果表明，衬砌厚度不同时，其同阶频率变化很小。因此，衬砌厚度的变化对混凝土衬砌动力特性的影响很小。

　　按三维均质围岩模型和三维非均质围岩模型，取与平面应变模型一样的混凝土衬砌厚度，也得到了衬砌厚度对混凝土衬砌动力特性影响较小的结论。

4.2.4 围岩弹抗对混凝土衬砌动力特性的影响

不同围岩弹抗时，衬砌的前10阶频率及相对于围岩弹抗E_w时同阶频率的百分比见表4.5。从表4.5可知，在其他参数不变的情况下，围岩弹抗对混凝土衬砌的动力特性有一定的影响。如基频，在围岩弹抗E_w时为18.89Hz，在其他五种围岩弹抗时分别为E_w时的87%、71%、50%、32%和10%；其他各阶频率具有同样的变化规律（图4.16）。同时，围岩弹抗的变化并不改变混凝土衬砌的振型。

表 4.5 不同围岩弹抗时混凝土衬砌的前 10 阶频率 （Hz） 及
相对于弹抗 E_w 时同阶频率的百分比

阶次	E_w	$3E_w/4$	%	$E_w/2$	%	$E_w/4$	%	$E_w/10$	%	$E_w/100$	%
1	18.89	16.36	87	13.36	71	9.45	50	5.97	32	1.89	10
2	22.31	19.33	87	15.80	71	11.19	50	7.09	32	2.25	10
3	28.91	25.04	87	20.45	71	14.47	50	9.15	32	2.90	10
4	29.81	25.83	87	21.11	71	14.96	50	9.48	32	3.01	10
5	37.02	32.09	87	26.24	71	18.60	50	11.79	32	3.74	10
6	41.62	36.15	87	29.64	71	21.12	51	13.46	32	4.32	10
7	44.48	38.68	87	31.79	71	22.72	51	14.54	33	4.69	11
8	49.11	42.61	87	34.89	71	24.80	50	15.79	32	5.06	10
9	56.16	48.73	87	39.92	71	28.40	51	18.08	32	5.77	10
10	57.41	49.79	87	40.75	71	28.92	50	18.37	32	5.84	10

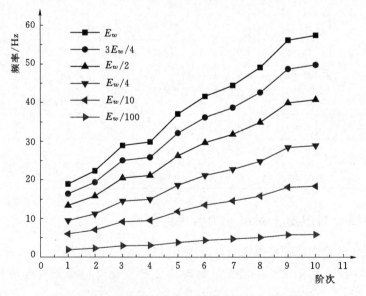

图 4.16 不同围岩弹抗时混凝土衬砌的前 10 阶频率

三维均质围岩模型计算结果与平面应变模型计算结果是一致的。

三维非均质围岩模型中，不同围岩弹抗时混凝土衬砌的前 10 阶频率及相对于围岩弹抗 E_w 时同阶频率的百分比见表 4.6。从表 4.6 可知，围岩弹抗发生变化时，混凝土衬砌的动力特性变化规律和三维均质围岩模型是一致的，不同的是各阶频率减小了约 14%。

表 4.6 不同围岩弹抗时混凝土衬砌的前 10 阶频率 （Hz） 及相对于围岩弹抗 E_w 时同阶频率的百分比

阶次	E_w	%	$3E_w/4$	%	$E_w/2$	%	$E_w/4$	%	$E_w/10$	%	$E_w/100$	%
1	16.32	100	14.13	87	11.54	71	8.16	50	5.16	32	1.63	10
2	19.11	100	16.56	87	13.53	71	9.59	50	6.07	32	1.93	10
3	24.78	100	21.46	87	17.53	71	12.40	50	7.85	32	2.48	10
4	25.67	100	22.25	87	18.19	71	12.88	50	8.16	32	2.59	10
5	31.73	100	27.51	87	22.50	71	15.94	50	10.11	32	3.21	10
6	35.76	100	31.06	87	25.47	71	18.13	51	11.55	32	3.70	10
7	38.27	100	33.29	87	27.35	71	19.53	51	12.48	33	4.03	11
8	42.07	100	36.50	87	29.89	71	21.25	51	13.52	32	4.34	10
9	47.85	100	41.53	87	34.03	71	24.19	51	15.39	32	4.90	10
10	48.81	100	42.34	87	34.65	71	24.60	50	15.62	32	4.97	10

4.2.5 洞内水体对混凝土衬砌动力特性的影响

洞内水位不同时，混凝土衬砌的前 10 阶频率（Hz）及相对于洞内无水时同阶频率的百分比见表 4.7。从表 4.7 可知，洞内水体的存在对混凝土衬砌的动力特性影响很小，各阶频率与空管时同阶频率几乎完全一致。因此，可以忽略洞内水体对混凝土衬砌动力特性的影响，现行规范不考虑洞内水体的动力作用是合理的。

表 4.7 管内水位不同时混凝土衬砌的前 10 阶频率 （Hz） 及相对于空管时同阶频率的百分比

阶次	无水	1/4 内径	%	1/2 内径	%	3/4 内径	%	满水	%
1	18.89	18.88	100	18.88	100	18.87	100	18.87	100
2	22.31	22.93	103	22.30	100	22.36	100	22.26	100
3	28.91	28.88	100	28.89	100	28.76	100	28.74	99
4	29.81	30.82	103	29.75	100	29.86	100	29.61	99
5	37.02	36.98	100	36.98	100	36.96	100	36.95	100
6	41.62	41.42	100	41.44	100	41.41	100	41.40	99
7	44.48	44.50	100	44.36	100	44.39	100	44.29	100
8	49.11	48.92	100	48.94	100	48.90	100	48.90	100
9	56.16	56.04	100	56.02	100	56.14	100	56.20	100
10	57.41	57.07	99	56.93	99	56.95	99	56.70	99

三维均质围岩模型的计算结果与平面应变模型的计算结果是一致的。

同样的，三维非均质围岩模型计算的衬砌动力特性，洞内水体的影响也可以忽略不计，但相对于均质围岩模型，衬砌的频率减小了约14%。

综合分析结果，在特定围岩条件下，混凝土衬砌的振型主要有随围岩的横向平移、竖向平移、绕隧洞中心线的晃动、竖向挤压和随围岩径向胀缩等形式。混凝土衬砌的频率随着埋深的增加而减小，衬砌厚度和洞内水体对结构的频率、振型几乎没有影响，围岩弹抗减小使衬砌结构的频率明显降低但并不改变衬砌结构的振型。在均匀围岩情况下，使用平面应变模型代替三维均质围岩模型可保证计算精确性。

4.3 隧洞混凝土衬砌地震响应分析

4.3.1 平面模型混凝土衬砌地震响应

1. Taft 波作用下混凝土衬砌的地震响应

平面应变模型中，输入横向 Taft 波对其进行时程分析，提取混凝土衬砌的最大地震响应。需要说明的是 Taft 波持续 54.38s，记录间隔为 0.02s，时间比较长，直接使用需要占用的计算机资源比较多，在不影响计算结果的情况下，从 Taft 波中取加速度峰值前后的一段，即取 5~11s 中间共 6s 按 300 步输入有限元模型中进行计算。

计算结果表明，在地震作用下，混凝土衬砌的径向和环向应力最大值均出现在 45°或 135°附近区域，向两侧逐渐减小，到 90°和 270°附近趋近于零，其中第 Ⅱ 象限和第 Ⅳ 象限为拉应力区，第 Ⅰ 象限和第 Ⅲ 象限为压应力区。混凝土衬砌径向最大拉应力为 3.02kPa，由外向内逐渐减小；环向最大拉应力为 29.47kPa，由内向外逐渐减小；纵向最大拉应力为 5.99kPa，由内向外逐渐减小。表 4.8 给出了混凝土衬砌的径向、环向和纵向应力的最大值及其位置。由于混凝土衬砌的压应力数值不会引起混凝土破坏，故不再分析压应力的影响。混凝土衬砌产生的变形很微小，所以也不再讨论地震作用使混凝土衬砌产生的变形。

表 4.8 Taft 波作用下平面应变模型混凝土衬砌应力的最大值及其位置

最大应力	结点号	结点位置/m			应力值/kPa
		X	Y	Z	
径向拉应力	540	−2.6812	2.2498	0.0000	3.02
环向拉应力	561	−1.9284	2.2981	0.0000	29.47
纵向拉应力	561	−1.9284	2.2981	0.0000	5.99
径向压应力	413	2.4749	2.4749	0.0000	−3.00
环向压应力	437	1.9284	2.2981	0.0000	−29.48
纵向压应力	437	1.9284	2.2981	0.0000	−5.99

在地震作用下，混凝土衬砌达到最大响应时，其内环、中环和外环的径向、环向和纵向应力曲线如图 4.17 所示。

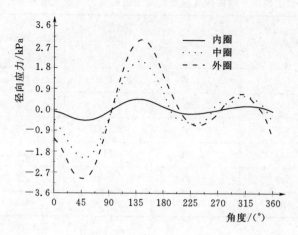

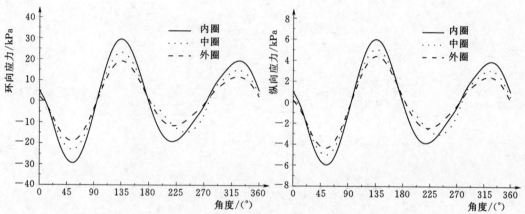

图 4.17　Taft 波作用下平面应变模型混凝土衬砌的最大应力曲线

　　在本章地质条件下，混凝土衬砌的应力时程曲线和地震波加速度曲线基本一致，混凝土衬砌的最大应力出现在第 206s，与所选择的加速度曲线是一致的。

　　综上所述，在水平地震作用下，对混凝土衬砌安全性起决定作用的是环向应力，特别是 45°和 135°附近区域为拉应力或压应力较大的区域，应引起注意。地震作用引起的地下结构的变形相对较小，不是结构破坏的主要因素。

　　2. 天津波作用下混凝土衬砌的地震响应

　　采用天津波对上述计算结果进行校核，由于天津波的加速度时程曲线变化比较慢，采取峰值段中间 4s，调整后为 8s 共 400 步输入模型中，对其进行时程分析。

　　计算结果表明，在天津波横向地震作用下，混凝土衬砌的应力变化规律与 Taft 波横向地震作用时的计算结果是一致的，所不同的是两条波的相位差为 180°，使混凝土衬砌的拉应力区和压应力区发生了变化，即输入天津波时，混凝土衬砌在第 Ⅰ 和第 Ⅲ 象限为拉应力区，而第 Ⅱ 和第 Ⅳ 象限为压应力区。这表明混凝土衬砌的地震响应与地震波自身特性有关，但是在地震波加速度峰值不变的情况下，只会改变混凝土衬砌的地震响应的方向，而不会改变应力峰值的大小，如表 4.9 和图 4.18 所示。

表 4.9　　　　　　　　天津波作用下平面应变模型混凝土衬砌应力的最大值及其位置

最大应力	结点号	结点位置/m			应力值/kPa
		X	Y	Z	
径向拉应力	413	2.4749	2.4749	−10.500	2.99
环向拉应力	437	1.9284	2.2981	−3.9375	29.36
纵向拉应力	437	1.9284	2.2981	−3.9375	5.96
径向压应力	540	−2.6812	2.2498	0.0000	−3.01
环向压应力	561	−1.9284	2.2981	−6.5625	−29.36
纵向压应力	561	−1.9284	2.2981	−6.5625	−5.96

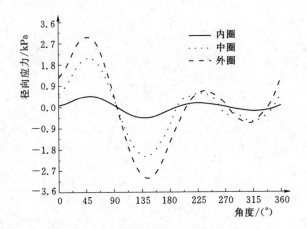

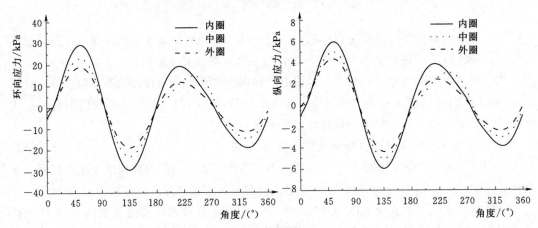

图 4.18　天津波作用下平面应变模型混凝土衬砌的最大应力曲线

　　对比两条波作用下混凝土衬砌的应力变化情况，计算的结果是一致的，仅因地震波本身的相位差而使混凝土衬砌的应力方向不同，由此表明两条波选择合理，计算结果吻合。下文仅仅使用 Taft 波进行分析。

4.3.2 三维均质围岩模型混凝土衬砌地震响应

对建立的三维均质围岩模型进行时程分析，分析混凝土衬砌在 Taft 波作用下的地震响应。

根据混凝土衬砌结构的对称性，取后半部分（因为在考虑围岩非均质时后半段的围岩弹抗较小），考察跨中断面（$Z=-5.25\text{m}$）、3/4 断面（$Z=-7.875\text{m}$）和端断面（-10.5m）以及整个衬砌的地震响应。表 4.10 给出了衬砌的最大地震响应及其出现的位置。

表 4.10　Taft 波作用下三维均质围岩模型混凝土衬砌应力的最大值及其位置

最大应力	结点号	结点位置/m			应力值/kPa
		X	Y	Z	
径向拉应力	5694	-2.6812	2.2498	-10.500	3.94
环向拉应力	5875	-1.9284	2.2981	-3.9375	29.50
纵向拉应力	5875	-1.9284	2.2981	-3.9375	5.92
径向压应力	413	2.4749	2.4749	0.0000	-3.98
环向压应力	4848	1.9284	2.2981	-6.5625	-29.51
纵向压应力	4848	1.9284	2.2981	-6.5625	-5.92

从表 4.10 可知，混凝土衬砌的最大地震响应出现的位置与平面模型中一致，唯一不同的是最大响应的结点所在的断面在纵向有所不同。混凝土衬砌在上述三个断面应力分布云图如图 4.19 所示，其内圈、中圈和外圈的径向、环向和纵向应力如图 4.20～图 4.22 所示，混凝土衬砌纵向中间层在 135°和 225°两条线上结点的应力曲线如图 4.23 和图 4.24 所示。从图上也可看出，混凝土衬砌的应力中间段前后变化比较均匀，三个方向的应力在两端和中间有差异。这主要是因为在三维均质围岩模型中，围岩的两端断面上施加了纵向约束，改变了模型在纵向的地震响应，但是总体上并没有改变纵向应力的大小。因此，在围岩均质的情况下，使用平面应变模型代替三维模型能够满足计算要求。

4.3.3 三维非均质模型混凝土衬砌地震响应

对三维非均质围岩模型输入横向 Taft 地震波，提取混凝土衬砌的地震响应，包括混凝土衬砌的最大应力、$Z=-5.25\text{m}$ 的 1/2 断面、$Z=-7.875\text{m}$ 的 3/4 断面和 $Z=-10.5\text{m}$ 的端断面（由于混凝土衬砌后半段的围岩弹抗相对较弱，为前半段的 1/2，故选择后半段三个断面）三个断面的应力。表 4.11 给出了 Taft 波作用下混凝土衬砌的最大地震响应及其位置。混凝土衬砌在上述三个断面内圈、中圈和外圈的径向、环向和纵向应力如图 4.25～图 4.27 所示，混凝土衬砌纵向中间层在 135°和 225°两条路径结点的应力曲线如图 4.28 和图 4.29 所示。

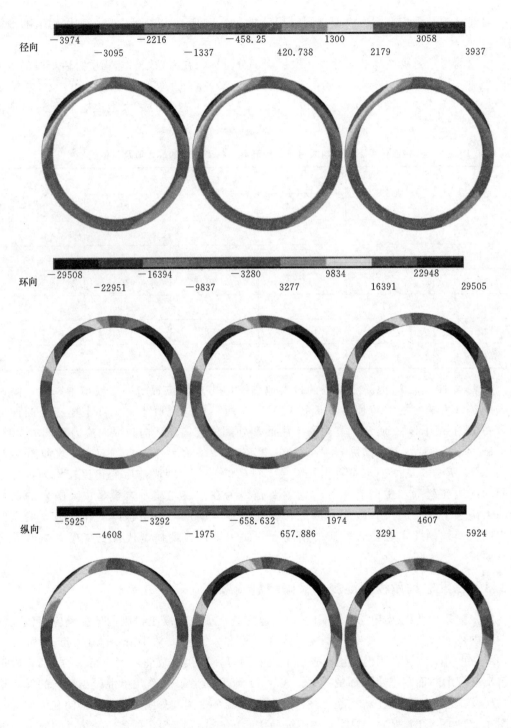

图 4.19　混凝土衬砌 3 个横断面（从左到右为端断面、3/4 和 1/2 断面）应力分布云图（单位：kPa）

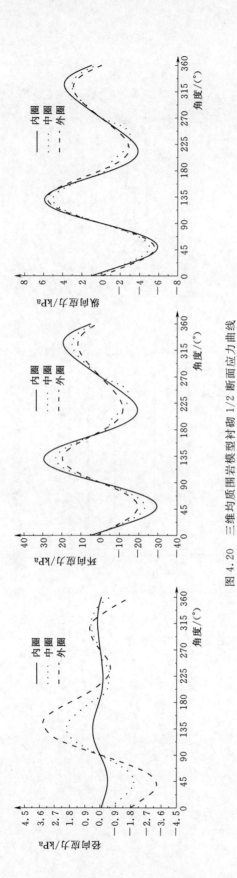

图 4.20 三维均质围岩模型衬砌 1/2 断面应力曲线

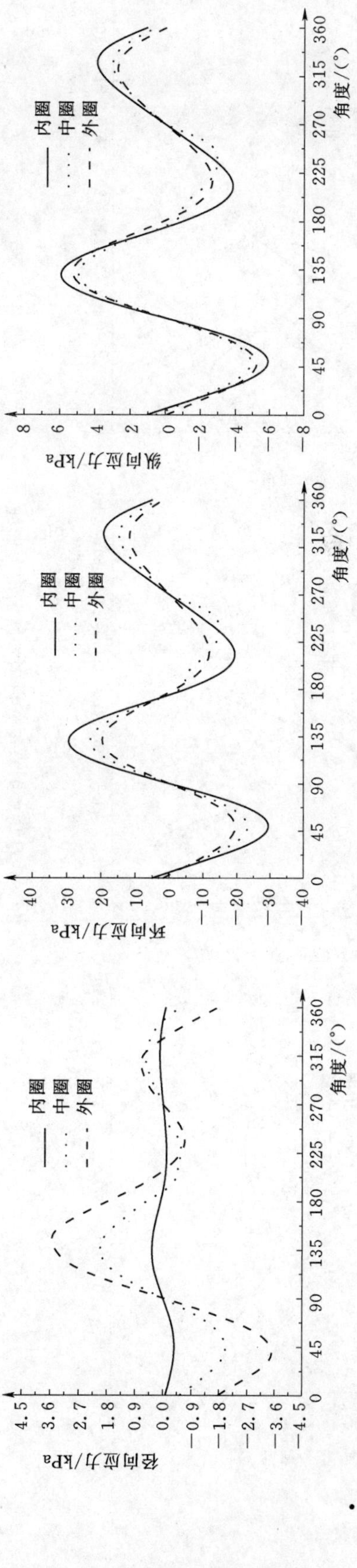

图 4.21 三维均质围岩模型衬砌 3/4 断面应力曲线

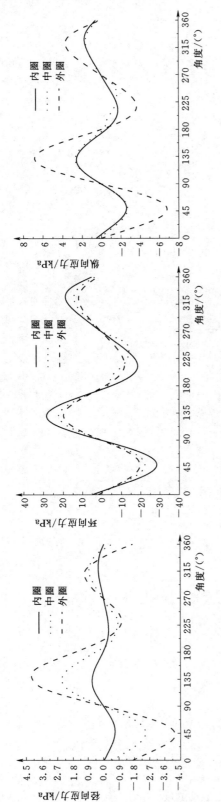

图 4.22　三维均质围岩模型衬砌端断面应力曲线

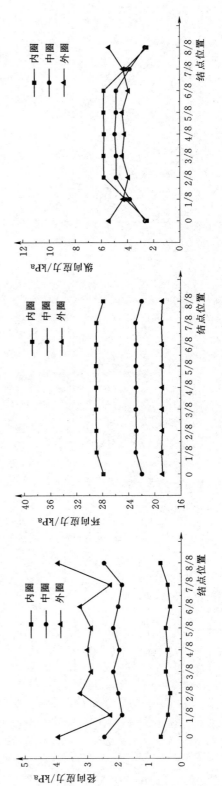

图 4.23　三维均质围岩模型混凝土衬砌纵向中间层在 135°线上结点的应力曲线

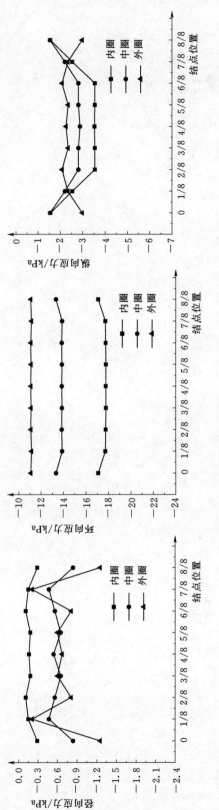

图 4.24　三维均质围岩模型混凝土衬砌纵向中间层在 225°线上结点的应力曲线

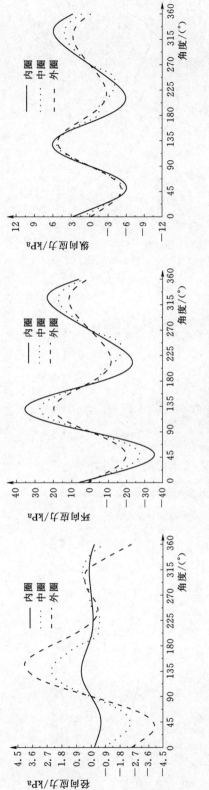

图 4.25　三维非均质围岩模型衬砌 1/2 断面应力曲线

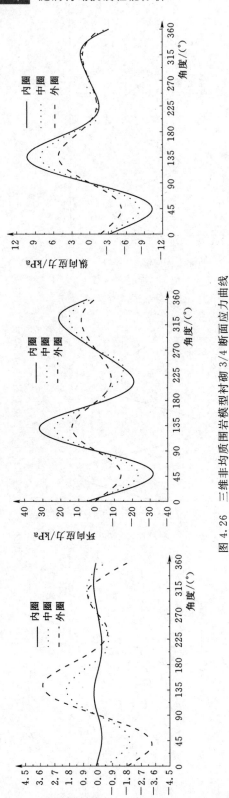

图 4.26　三维非均质围岩模型衬砌 3/4 断面应力曲线

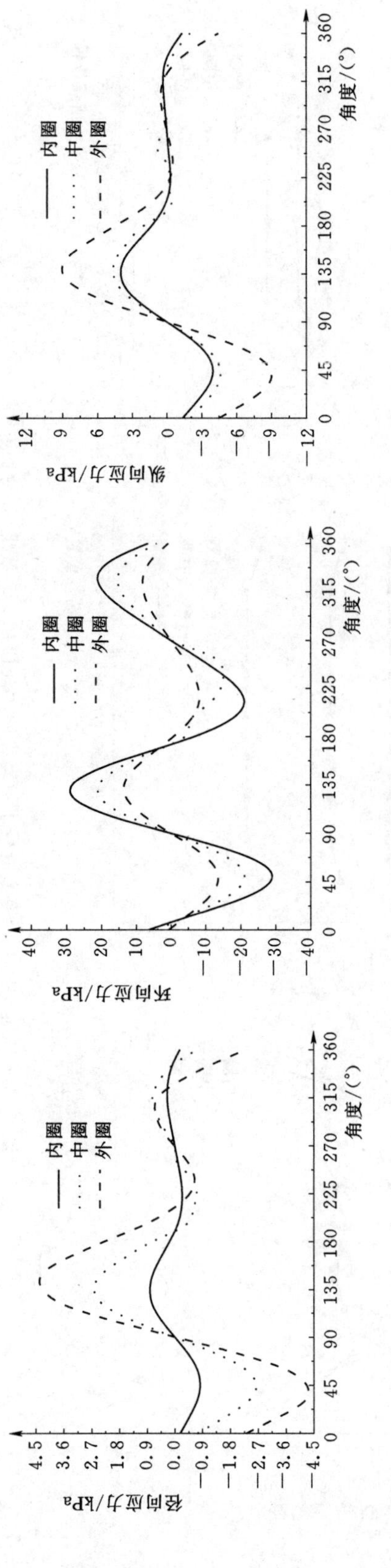

图 4.27　三维非均质围岩模型衬砌端面断纵向应力曲线

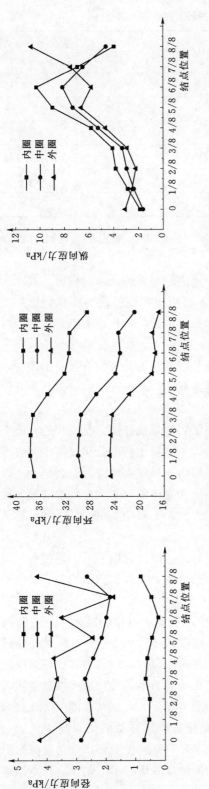

图 4.28　三维非均质围岩模型混凝土衬砌纵向中间层在 135°路径上结点的应力曲线

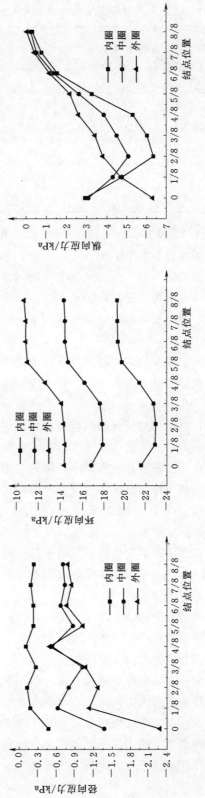

图 4.29　三维非均质围岩模型混凝土衬砌纵向中间层在 225°路径上结点的应力曲线

表 4.11　　　　　Taft 地震波作用下混凝土衬砌应力的最大值及其位置

最大应力	结点号	结点位置/m			应力值 /kPa
		X	Y	Z	
径向拉应力	5694	-2.6812	2.2498	-10.500	4.33
环向拉应力	5873	-1.9284	2.2981	-1.3125	38.37
纵向拉应力	5694	-2.6812	2.2498	-10.500	10.81
径向压应力	4636	2.4749	2.4749	-10.500	-4.34
环向压应力	4844	1.9284	2.2981	-1.3125	-38.37
纵向压应力	4635	2.6812	2.2498	-10.500	-10.78

从表 4.11 和图 4.24～图 4.28 可知，相对于均质围岩模型，围岩不均匀性对混凝土衬砌的地震响应有如下影响：

（1）围岩的不均匀性使混凝土衬砌的应力增大，增大最显著的是纵向应力，其次为环向应力和径向应力，分别增加了 83%、30% 和 10%。混凝土衬砌的应力在纵向也发生了显著改变，径向和环向拉应力前大后小，纵向拉应力则前小后大，压应力则都表现为前大后小。

（2）围岩的不均匀性对混凝土衬砌内环、中环和外环的应力分布没有显著的改变，和均质围岩模型中计算结果一致。径向应力由外向内逐渐减小，环向和纵向应力则由外向内逐渐增大。

显然，纵向应力受到的影响最大，这主要是因为围岩的弹抗在纵向是变化的，前半段的弹抗是后半段的 1 倍，使围岩的总体弹抗降低，从而使混凝土衬砌分担更多的荷载。围岩的弹抗在 1/2 断面处突然减小，使纵向受力变得不均匀，导致纵向应力急剧增大。除此之外，围岩的不均匀性还使混凝土衬砌的最大地震响应在纵向的位置发生改变，最大径向应力和环向应力均出现在 $Z=-10.5\text{m}$ 的端断面上，而环向应力最大值出现在 $Z=-1.3125\text{m}$ 的断面处。

因此，在考察地震作用对混凝土衬砌的地震响应时，应该注意围岩的不均匀性。由于围岩的不均匀性表现形式多样，可以参考本节方法单独考虑，比如横向不均匀、竖向不均匀和复杂不均匀等。

综合本节的分析结果，在水平 Taft 地震波作用下，混凝土衬砌的径向、环向和纵向应力较大值均出现在 45°或 135°附近区域，并向两侧逐渐减小，到 90°和 270°附近趋近于零，其中第 Ⅱ 象限和第 Ⅳ 象限为拉应力区，第 Ⅰ 象限和第 Ⅲ 象限为压应力区，环向应力是主要的控制应力。混凝土衬砌在地震作用下产生的变形甚微。地震波加速度峰值是影响衬砌结构地震响应的重要因素，在相同地震加速度峰值的情况下，衬砌结构的最大地震响应相差无几。在围岩均质情况下，平面模型和三维均质围岩模型计算的结果是一致的，因此，在这种情况下使用平面模型代替三维模型，可以满足计算精度的要求。但是隧洞历经的围岩条件往往是千变万化的，三维模型更能接近实际的反映围岩不均匀性，计算结果也更接近于实际。

4.4 埋深对混凝土衬砌地震响应的影响

4.4.1 均质围岩模型计算结果

对不同埋深条件下的三维均质围岩模型输入 Taft 地震波，分别进行时程分析，计算其混凝土衬砌的地震响应，并提取最大地震响应步时混凝土衬砌的地震响应。这里给出混凝土衬砌和特定断面在最大响应步时的径向、环向和纵向的应力。

从图 4.30～图 4.32 所示的不同埋深条件下的混凝土衬砌径向、环向和纵向应力云图（从左到右为端断面、3/4 断面和 1/2 断面）可以看出，在本章设定的围岩条件下，埋深的变化并不改变混凝土衬砌地震响应的总体分布规律，即最大地震响应在 45°、135°、225° 和 315° 四个区域。其中，在第 Ⅱ 象限和第 Ⅳ 象限主要为拉应力，在第 Ⅰ 象限和第 Ⅲ 象限主要为压应力，并且混凝土衬砌上部所承受的应力比下部承受的应力要大。这与地震波本身有关，不同的地震波作用下混凝土衬砌的地震响应的分布情况有所不同。在地震作用下，水平方向和竖直方向的动应力比较小，趋近于无应力状态。

图 4.33～图 4.35 分别为混凝土衬砌后半段 3 个横断面（1/2 断面 $Z=-5.25\mathrm{m}$、3/4 断面 $Z=-7.875\mathrm{m}$ 和端断面 $Z=-10.5\mathrm{m}$）的地震响应（每个断面给出了外圈的径向应力、内圈的环向和纵向应力）的应力曲线。可以看出，随着埋深的增加，混凝土衬砌的地震响应先增大后减小；在埋深为 25～30m 时达到峰值，并且应力增大的速率比降低的速率大。埋深为 25m 时，混凝土衬砌径向、环向和纵向的最大拉应力分别为 3.95kPa、41.81kPa 和 8.48kPa。埋深为 30m 时，混凝土衬砌的地震响应与埋深 25m 时相差无几。埋深 10m 时，混凝土衬砌的 3 个最大应力分别为 3.02kPa、29.47kPa 和 5.99kPa，较埋深 25m 时分别减小了 23.5%、29.5% 和 29.4%。当埋深达到 45m 时，3 个最大地震响应分别为 3.52kPa、35.33kPa 和 7.17kPa，较 25m 埋深时分别减小了 10.9%、15.5% 和 15.5%。

图 4.36 为混凝土衬砌在 135° 方向上沿纵向的结点在外圈的径向应力、内圈的环向和纵向应力的应力曲线。图 4.37 为在最大响应步时，整个混凝土衬砌的最大径向应力、环向应力和纵向应力。可以看出，在均质围岩条件下，混凝土衬砌的应力除了端部受到边界条件的影响，其余部分应力分布是一致的。因此，在围岩均质条件下，使用平面应变模型代替三维模型是可行的。

Taft 地震波的原始记录在 9.12s 达到峰值 $0.1557\mathrm{m/s^2}$，本节计算时截取了其中包含峰值的 6s，即去掉前 5s，取 5～11s 中间的地震波记录，把峰值调整为符合 7 度抗震烈度的场地要求的 0.1g，输入模型进行计算，每 0.02s 为一个加载步，在 206 步即 4.12s 时地震响应达到峰值 0.1g，和原始记录的 9.12s 相一致。从各埋深下的最大响应时程曲线可以看出，在本节选择的围岩条件下，围岩弹抗与混凝土弹性模量的数量级相同，混凝土衬砌的地震响应在最大加速度时达到峰值。需要指出的是，如果在软弱围岩条件下，混凝土衬砌的最大地震响应可能和最大加速度峰值不同步，要根据围岩条件具体问题进行具体分析。

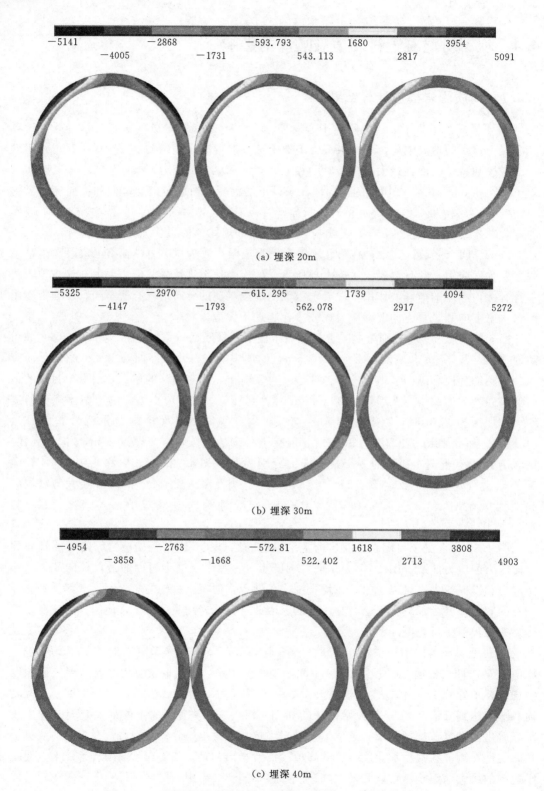

(a) 埋深 20m

(b) 埋深 30m

(c) 埋深 40m

图 4.30　不同埋深时混凝土衬砌断面的径向应力云图（单位：Pa）

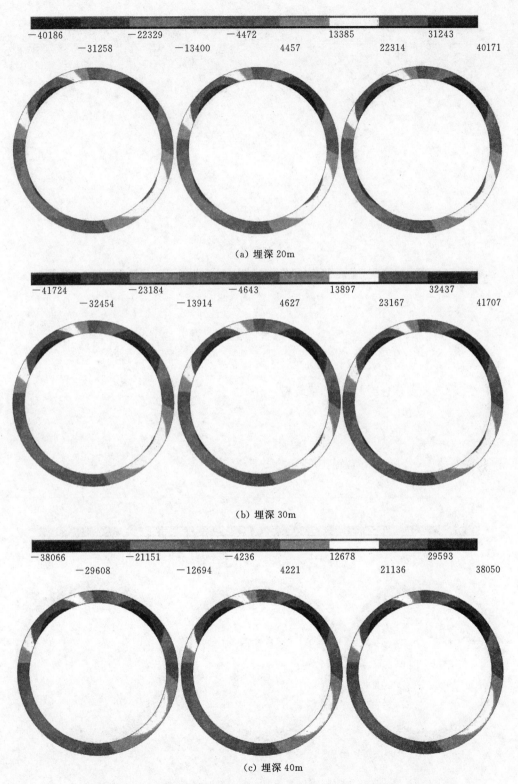

(a) 埋深 20m

(b) 埋深 30m

(c) 埋深 40m

图 4.31　不同埋深时混凝土衬砌断面的环向应力云图（单位：Pa）

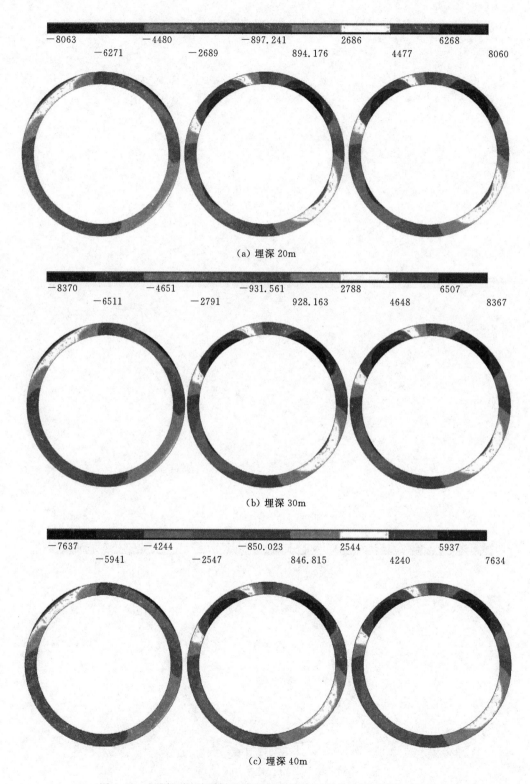

图 4.32　不同埋深时混凝土衬砌断面的纵向应力云图（单位：Pa）

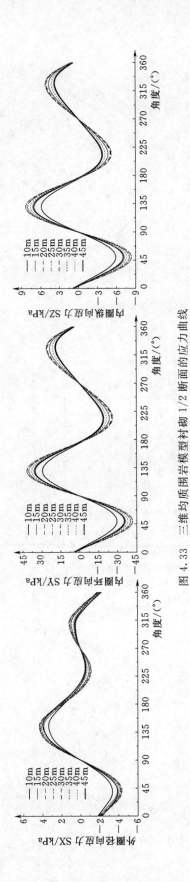

图 4.33 三维均质围岩模型衬砌 1/2 断面的应力曲线

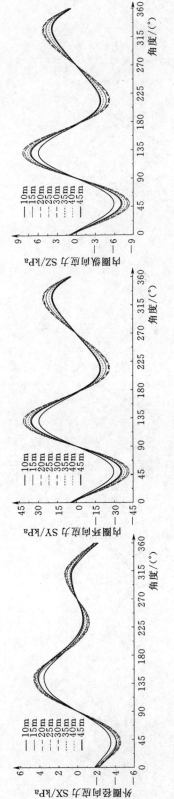

图 4.34 三维均质围岩模型衬砌 3/4 断面的应力曲线

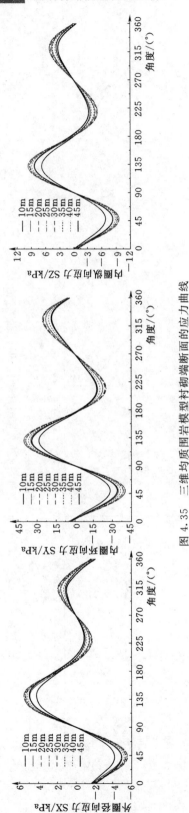

图 4.35　三维均质围岩模型衬砌端断面的应力曲线

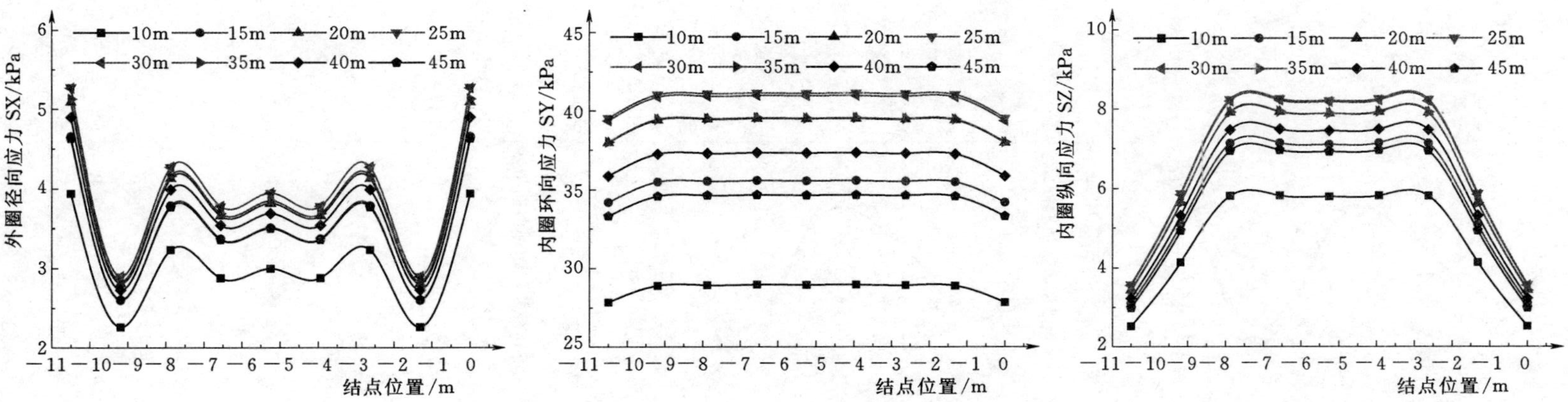

图 4.36　三维均质围岩模型混凝土衬砌在 135°方向上沿纵向结点的应力

在地震作用下，衬砌的环向应力是控制因素。因此，从抗震的角度出发，应根据围岩条件采取相应的结合措施，使围岩和衬砌结构更好地成为一个整体。例如，当围岩岩石较破碎、裂隙发育或因地质构造稳定性差时，可以采取预锚固、预注浆、挂钢筋网、打锚杆或设预应力锚索等措施加固围岩。

在本章围岩条件下，随着埋深的增加，混凝土衬砌所承担的围岩压力先增大后减小。埋深较深时，更多的围岩压力主要由围岩来承担，这有利于隧洞的施工和运营安全。

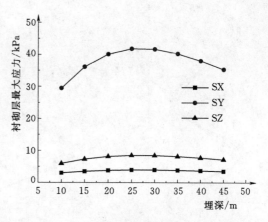

图 4.37　三维均质围岩模型混凝土衬砌的最大应力与埋深的关系曲线

4.4.2　非均质围岩模型计算结果

分别建立不同埋深条件下三维非均质围岩模型，不考虑其他条件的变化，计算其在 Taft 波地震作用下混凝土衬砌的地震响应。这里给出混凝土衬砌后半段三个断面（1/2 断面、3/4 断面和端断面）的地震响应和整个混凝土衬砌的最大地震响应，并与 5.4.1 节中的对应结果进行比较，阐明埋深和围岩不均匀性对混凝土衬砌地震响应的影响。

从不同埋深条件下的混凝土衬砌径向、环向和纵向应力云图可以看出，围岩不均匀性对混凝土衬砌断面上的地震响应分布规律总体上没有影响，但对衬砌沿纵向的地震响应产生较大影响。

图 4.38～图 4.40 分别为在 Taft 地震波作用下混凝土衬砌后半段三个横断面（1/2 断面 $Z=-5.25m$、3/4 断面 $Z=-7.875m$ 和端断面 $Z=-10.5m$）在最大响应步时的地震响应（每个断面给出了外圈的径向应力、内圈的环向和纵向应力）的应力曲线，图 4.41 为在最大响应步时整个混凝土衬砌的最大的径向、环向和纵向应力。可以看出，在本章设定的不均匀围岩条件下，随着埋深的增加，混凝土衬砌的地震响应先增大后减小，且应力增大的速率比降低的速率大。埋深为 25m 时，混凝土衬砌的三个最大应力较埋深为 10m 时分别增大了 28.2%、30.6% 和 20.9%。埋深达到 45m 时，混凝土衬砌的三个最大应力较埋深 25m 时，分别减小了 13.4%、15.0% 和 8.5%。在埋深为 25～30m 时达到峰值，且同向的应力值相差甚微，这与均质围岩条件的计算结果是一致的。

图 4.42 为混凝土衬砌在 135°方向上，沿纵向上结点在外圈的径向应力、内圈的环向和纵向应力的曲线。可以看出，在非均质围岩条件下，除了每段管节两端受围岩端部约束条件的影响致使应力变化不具有规律性外，混凝土衬砌的径向应力的和环向应力在前半段比较大、后半段比较小，纵向应力则为前半段较小、后半段较大。此分布规律在不同埋深时是相同的，主要还是因为模型中围岩前半段的弹性阻抗比后半段的弹性阻抗大。由此可见，混凝土衬砌的径向应力和环向应力随着围岩弹抗的减小而减小，而纵向应力则随着围岩弹抗的减小而增大。

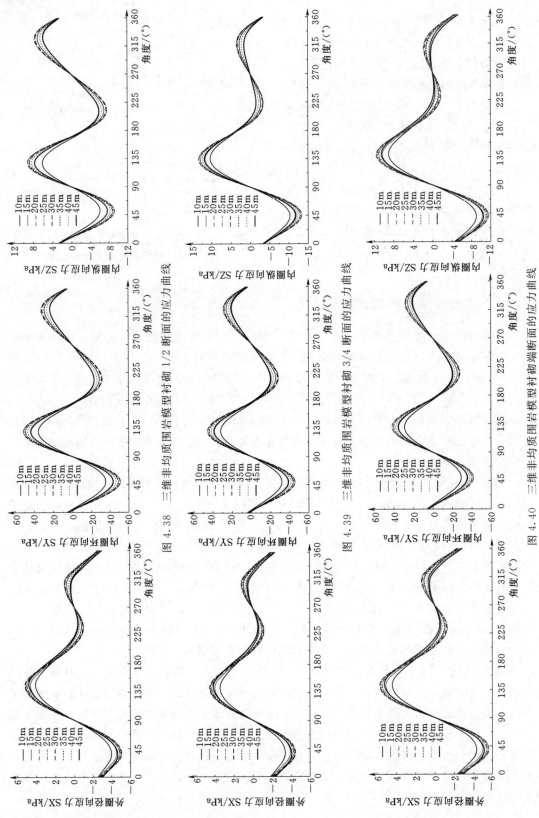

图 4.38 三维非均质围岩模型衬砌 1/2 断面的应力曲线

图 4.39 三维非均质围岩模型衬砌 3/4 断面的应力曲线

图 4.40 三维非均质围岩模型衬砌端面的应力曲线

与均质围岩模型的计算结果相比，在非均质围岩条件下，同样埋深情况下的混凝土衬砌，其径向、环向和纵向应力分别平均增大了 13%、32% 和 69%。显然，纵向应力受围岩不均匀性影响最明显，环向应力次之，受围岩不均匀性影响最小的是径向应力，这与第 4.3 节的结果是一致的。

综合本节的分析结果，埋深是影响隧洞混凝土衬砌地震响应的重要因素之一。在不改变围岩弹抗的条件下，埋深变化对混凝土衬砌的地震响应起重要的影响作用。随着埋深的增加，混凝土衬砌的径向、环向和纵向应力均先增加后减小。当埋深在

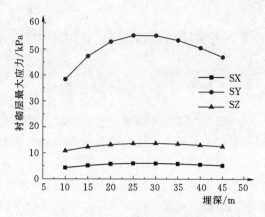

图 4.41　三维非均质围岩模型混凝土衬砌的最大应力与埋深的关系曲线

25～30m 之间时达到峰值，随后开始减小，但是减小的速率小于增加的速率。在同样埋深情况下，非均质围岩条件下混凝土衬砌的纵向应力受围岩不均匀性影响最明显，环向应力次之。

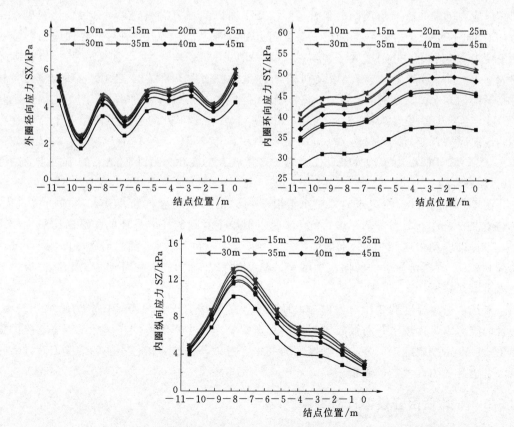

图 4.42　三维非均质围岩模型混凝土衬砌在 135° 方向上沿纵向结点的应力

4.5 衬砌厚度对混凝土衬砌地震响应的影响

4.5.1 均质围岩模型计算结果

对不同衬砌厚度条件下的三维均质围岩模型，分别输入 Taft 地震波进行时程分析，计算混凝土衬砌的地震响应，并提取最大地震响应步时混凝土衬砌的地震响应。

混凝土衬砌后半段三个横断面（同前节）外圈的径向、环向和纵向应力云图如图 4.43～图 4.45 所示。可以看出，衬砌厚度变化不影响衬砌断面上应力的分布规律和分布区域，即最大地震响应在 45°、135°、225°和 315° 3 个区域。其中，在第 Ⅱ 和第 Ⅳ 象限主要为拉应力，在第 Ⅰ 和第 Ⅲ 象限主要为压应力，并且混凝土衬砌上部所承受的应力比下部承受的应力要大，水平方向和竖直方向的动应力比较小。

图 4.46～图 4.48 为混凝土衬砌后半段三个横断面（同前节）外圈的径向应力、内圈的环向和纵向应力的曲线。可以看出，衬砌厚度对混凝土衬砌的径向应力有较大的影响，而对环向应力和纵向应力的影响很小，可以忽略不计。

图 4.49 为混凝土衬砌在 135°方向上，沿纵向的结点在外圈的径向应力、内圈的环向和纵向应力的曲线。在均质围岩条件下，混凝土衬砌的受力沿纵向是对称的。当衬砌厚度为 0.8m 时，混凝土衬砌后半段在 135°方向上沿纵向后 5 个结点在外环的径向应力，较衬砌厚度为 0.5m 时，分别增大了 17.3%、22.2%、13.3%、20.8%和 21.8%。当衬砌厚度为 0.8m 时，混凝土衬砌后半段在 135°方向上沿纵向后 5 个结点在内圈的环向应力，较衬砌厚度为 0.5m 时分别增大了 −0.6%、1.2%、1.2%、1.2%和 1.2%，变化幅度不超过 2%。当衬砌厚度为 0.8m 时，混凝土衬砌后半段在 135°方向上沿纵向后 5 个结点在内环的纵向应力，较衬砌厚度为 0.5m 时分别增大了 −26.6%、−18.4%、−6.4%、1.0%和 0.3%。除了两端由于边界条件的影响，产生较大的变化外，中间结点的纵向应力的变化可以忽略不计。

图 4.50 为在最大响应步时，整个混凝土衬砌的最大的径向、环向和纵向的拉应力。在均质围岩条件下，当衬砌厚度为 0.8m 时，混凝土衬砌的径向、环向和纵向的最大拉应力，较衬砌厚度为 0.5m 时分别增加了 21.5%、1.0%和 1.7%。随着衬砌厚度从 0.5m 增加到 0.8m，混凝土衬砌的径向应力的增大幅度为 12%～24%，而环向应力和纵向应力的增大可以忽略不计。

显然，衬砌厚度的变化对衬砌最大地震响应的影响有限，只有径向应力增加比较大。而径向应力本身比较小，对混凝土衬砌的安全影响比较小。因此，在满足工程可靠度的前提下，应严格控制施工，减小衬砌厚度的变化。但是，在围岩条件很弱的情况下，增大衬砌厚度也是一项有效的抗震措施。

4.5.2 非均质围岩模型计算结果

对不同衬砌厚度条件下的三维非均质围岩模型，分别输入 Taft 地震波进行时程分析，计算混凝土衬砌的地震响应，并提取最大地震响应步时混凝土衬砌的地震响应。

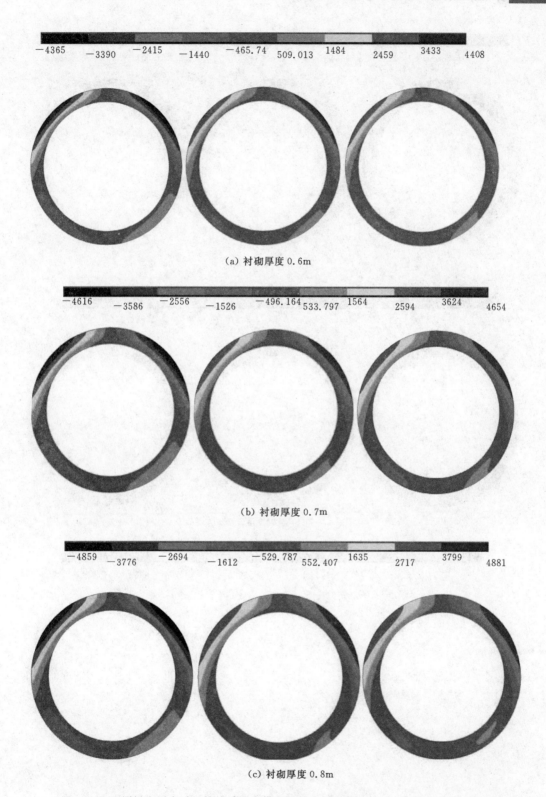

图 4.43 不同衬砌厚度时三维均质围岩模型混凝土衬砌断面的径向应力（单位：Pa）

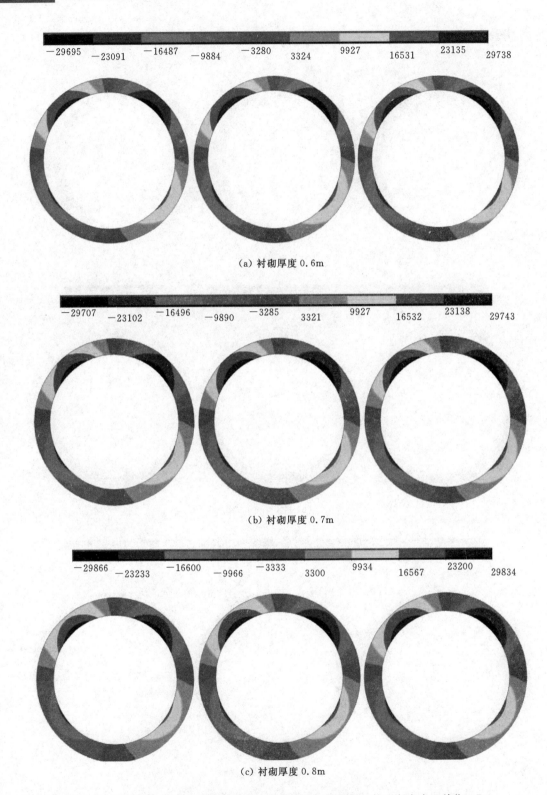

图 4.44 不同衬砌厚度时三维均质围岩模型混凝土衬砌断面的环向应力（单位：Pa）

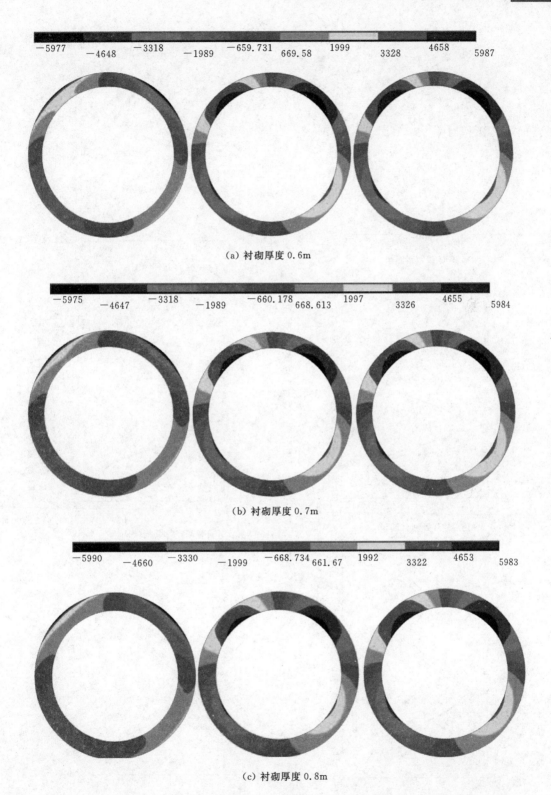

(a) 衬砌厚度 0.6m

(b) 衬砌厚度 0.7m

(c) 衬砌厚度 0.8m

图 4.45　不同衬砌厚度时三维均质围岩模型混凝土衬砌断面的纵向应力（单位：Pa）

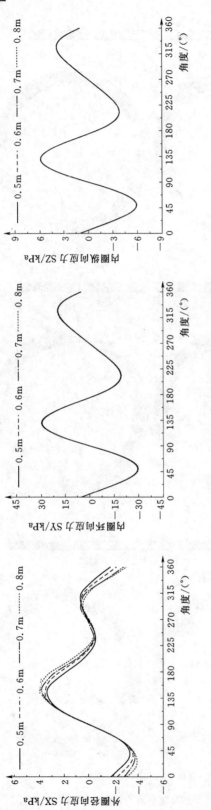

图 4.46　三维均质围岩模型混凝土衬砌 1/2 断面的应力

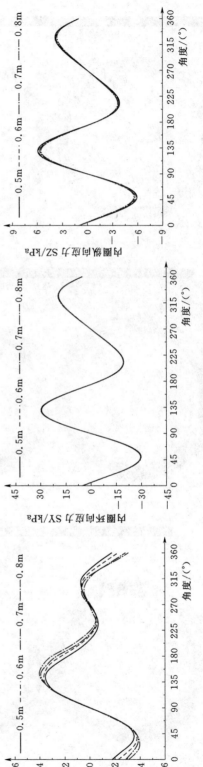

图 4.47　三维均质围岩模型混凝土衬砌 3/4 断面的应力

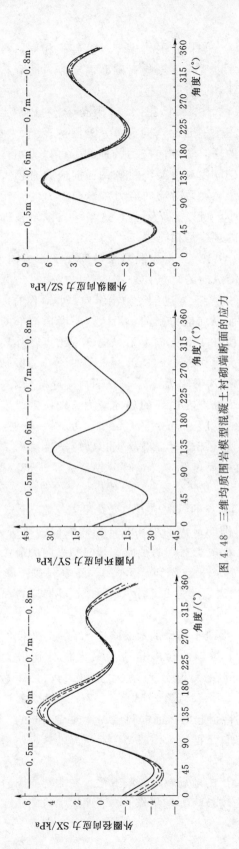

图 4.48 三维均质围岩模型混凝土衬砌端面的应力

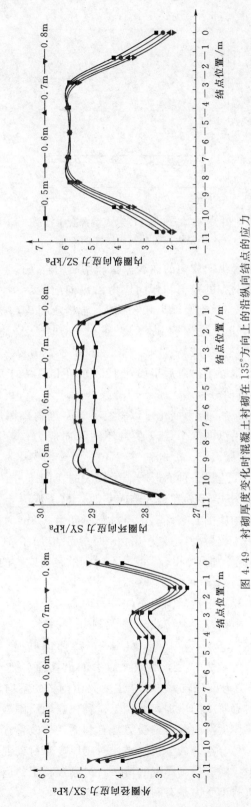

图 4.49 衬砌厚度变化时混凝土衬砌在 135°方向上的沿纵向结点的应力

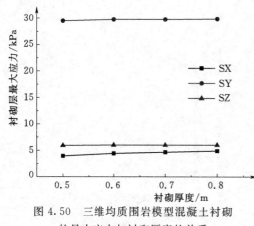

图 4.50　三维均质围岩模型混凝土衬砌
的最大应力与衬砌厚度的关系

与均质围岩模型计算结果相同，衬砌厚度变化不影响衬砌断面上应力的分布规律和分布区域。

图 4.51～图 4.53 为混凝土衬砌后半段三个横断面（同前节）外圈的径向、内圈的环向和纵向应力的曲线。可以看出，衬砌厚度对混凝土衬砌的径向应力有较大的影响，而对环向应力和纵向应力的影响很小，可以忽略不计，这与均质围岩条件下的规律是相同的。

图 4.54 为混凝土衬砌在 135°方向上，沿纵向的结点在外圈的径向应力、内圈的环向和纵向应力的曲线。在非均质围岩条件下，混凝土衬砌的受力沿纵向是非对称的，混凝土衬砌的径向和环向应力沿纵向前大后小，而纵向应力则前小后大（不考虑端部的影响）。当衬砌厚度为 0.8m 时，混凝土衬砌后半段在 135°方向上沿纵向 9 个结点在外环的径向应力，较衬砌厚度为 0.5m 时分别增大了 18.4%、19.3%、14.6%、18.4%、16.8%、15.2%、−0.9%、16.2% 和 10.9%，平均增幅为 14.3%；当衬砌厚度为 0.8m 时，混凝土衬砌后半段在 135°方向上沿纵向 9 个结点在内环的环向应力，较衬砌厚度为 0.5m 时分别增大了 −3.8%、−0.9%、0.1%、1.1%、0.6%、0.0%、0.5%、0.8% 和 −0.1%，应力变化可以忽略不计；当衬砌厚度为 0.8m 时，混凝土衬砌后半段在 135°方向上沿纵向 9 个结点在内环的纵向应力，较衬砌厚度为 0.5m 时分别增大了 −33.6%、−22.8%、−10.9%、−2.9%、−0.2%、5.4%、0.3%、−11.2% 和 −17.6%，除了两端由于边界条件的影响产生较大的变化外，中间结点的纵向应力的变化可以忽略不计。

图 4.55 为在最大响应步时，整个混凝土衬砌的最大的径向、环向和纵向的拉应力。在非均质围岩条件下，当衬砌厚度为 0.8m 时，混凝土衬砌的径向、环向和纵向的最大拉应力，较衬砌厚度为 0.5m 时分别增加了 16.4%、0.7% 和 −7.0%。随着衬砌厚度从 0.5m 增加到 0.8m，混凝土衬砌的径向应力的增大幅度为 8.5%～16.4%，环向应力和纵向应力的增大可以忽略不计。

相对于均质围岩条件，非均质围岩条件下，混凝土衬砌的地震响应均有一定程度的增大。衬砌厚度从 0.5m 增大到 0.8m 时，混凝土衬砌的径向拉应力最大值分别增大了 9.9%、6.6%、4.5% 和 3.3%，环向拉应力的最大值分别增大了 30.1%、29.9%、29.7% 和 29.5%，纵向拉应力的最大值分别增大了 82.6%、75.8%、73.2% 和 68.1%。3 种应力出现较大的增幅主要是由围岩的不均匀性引起的，而非衬砌厚度改变引起的。随着衬砌厚度的增加，混凝土衬砌在非均质围岩条件下的应力增长幅度有所降低，表明增加衬砌厚度对改善衬砌受力是有利的，但改善程度较小。

综合本节的分析结果，衬砌厚度对衬砌混凝土的地震响应影响有限。在非均质围岩条件下，随着衬砌厚度的增加，衬砌混凝土的应力增长幅度有所降低，表明增加衬砌厚度对改善衬砌受力是有利的。

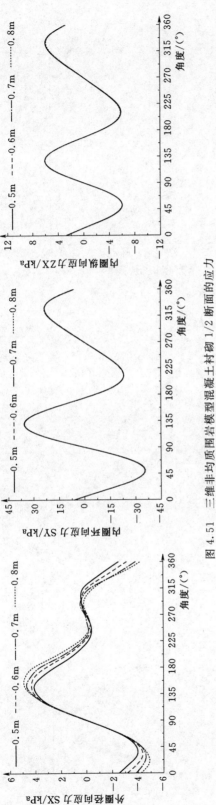

图 4.51 三维非均质围岩模型混凝土衬砌 1/2 断面的应力

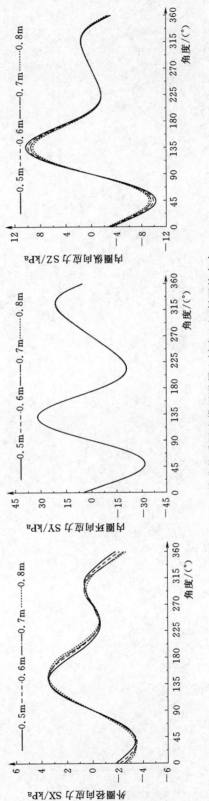

图 4.52 三维非均质围岩模型混凝土衬砌 3/4 断面的应力

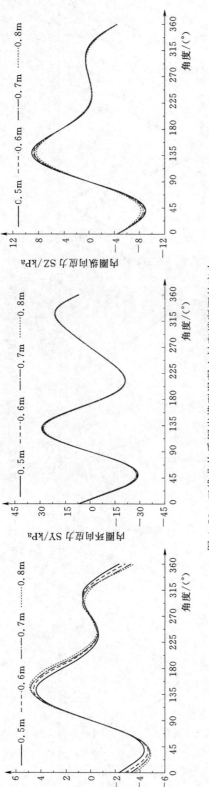

图 4.53　三维非均质围岩模型混凝土衬砌断面的应力

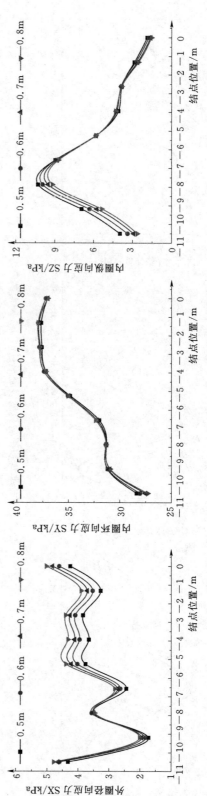

图 4.54　衬砌厚度变化时混凝土衬砌在 135°方向上的沿纵向结点的应力

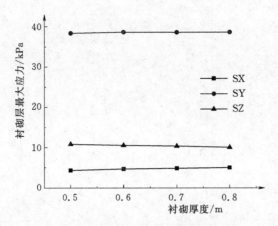

图 4.55　非均质围岩模型混凝土衬砌的
最大应力与衬砌厚度的关系

4.6　围岩弹抗对混凝土衬砌地震响应的影响

4.6.1　均质围岩模型计算结果

　　对不同围岩弹抗条件下的三维均质围岩模型，分别输入 Taft 地震波进行时程分析，计算其混凝土衬砌的地震响应，并提取最大地震响应步时混凝土衬砌的地震响应。

　　从混凝土衬砌地震响应时程可以看出，围岩弹抗变化不会改变混凝土衬砌的应力分布规律，即地震响应在 45°、135°、225°和 315° 3 个区域，其中，在第Ⅱ和第Ⅳ象限主要为拉应力，在第Ⅰ和第Ⅲ象限主要为压应力，并且混凝土衬砌上部承受的应力比下部承受的要大，水平和竖直方向的动应力较小。在相同地震波峰值情况下，混凝土衬砌的最大地震响应数值相差不大。当围岩弹抗较大时，混凝土衬砌的应力时程曲线和地震记录曲线一致，最大地震响应和地震加速度峰值出现在同一时刻。当围岩弹抗较小时，应力时程曲线将比较稀疏，最大应力可能不在地震波达到加速度峰值时出现，有一定的延迟，如围岩弹抗为 $0.01E_w$ 时，最大应力出现在第 9.20s，比围岩弹抗数量级不发生变化时延后了 0.08s。

　　在均质围岩条件下，图 4.56～图 4.58 为混凝土衬砌后半段三个横断面外圈的径向应力、内圈的环向和纵向应力的曲线。可以看出，围岩弹抗对混凝土衬砌的地震响应有显著的影响，特别是当围岩弹抗降低一个或两个数量级时，混凝土衬砌的地震响应成倍数增长；当围岩弹抗很小时，混凝土衬砌的环向应力有可能超过混凝土的设计强度而引起混凝土衬砌破坏，进而影响隧洞安全运营，必须重视围岩弹抗的变化引起的混凝土衬砌地震响应变化。

　　图 4.59 为混凝土衬砌在 135°方向上，沿纵向的结点在外圈的径向应力、内圈的环向和纵向应力的曲线。在均质围岩条件下，混凝土衬砌的受力沿纵向是对称的；随着围岩弹抗的降低，混凝土衬砌的应力显著增大。当围岩弹抗为 E_w 时，混凝土衬砌后半段在 135°方向上沿纵向后 5 个结点在外圈的径向应力为 3.00kPa、2.88kPa、3.23kPa、2.26kPa 和

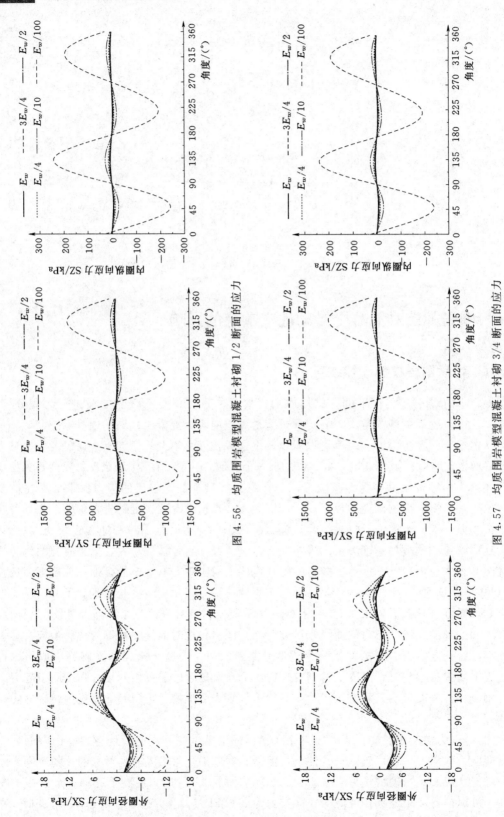

图 4.56　均质围岩模型混凝土衬砌 1/2 断面的应力

图 4.57　均质围岩模型混凝土衬砌 3/4 断面的应力

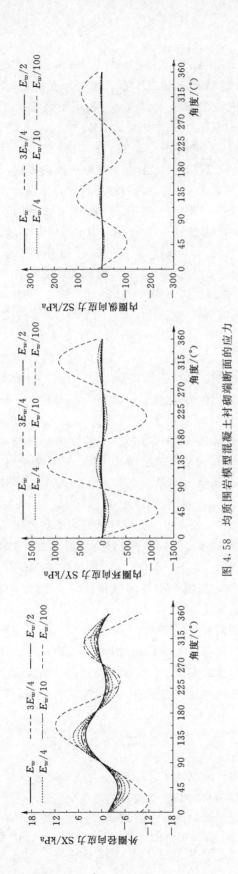

图 4.58　均质围岩模型混凝土衬砌端面的应力

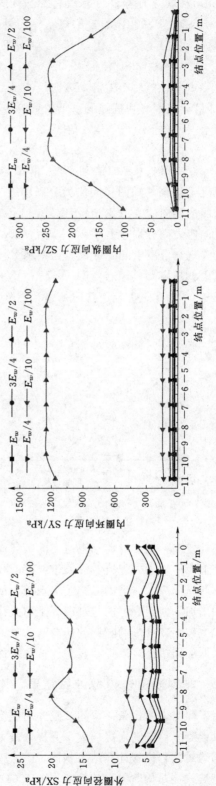

图 4.59　不同围岩弹抗时衬砌在 135°方向上的纵向结点的应力

3.94kPa，环向应力为 28.96kPa、28.98kPa、28.94kPa、28.91kPa 和 27.85kPa，纵向应力为 5.79kPa、5.82kPa、5.81kPa、4.14kPa 和 2.52kPa。相对于围岩弹抗为 E_w 时，在围岩弹抗量级不发生变化（其值为 $0.25E_w$）时，混凝土衬砌径向应力分别增大了 80.3%、85.4%、80.2%、100.4% 和 62.9%，环向应力分别增大了 1.45 倍、1.52 倍、1.51 倍、1.51 倍和 1.51 倍，纵向应力分别增大了 0.92 倍、1.22 倍、1.40 倍、1.44 倍和 1.43 倍。当围岩弹抗降低一个数量级（其值为 $0.1E_w$）时，混凝土衬砌外圈的径向应力分别增大了 1.51 倍、1.68 倍、1.51 倍、2.07 倍和 1.04 倍，内圈的环向应力分别增大 3.93 倍、3.93 倍、3.93 倍、3.95 倍和 3.75 倍，内圈的纵向应力则分别增大了 3.69 倍、3.74 倍、3.64 倍、3.17 倍和 2.50 倍。当围岩弹抗降低两个数量级（其值为 $0.01E_w$）时，混凝土衬砌外圈的径向应力分别增大了 4.74 倍、4.94 倍、5.21 倍、6.18 倍和 2.55 倍，内圈的环向应力分别增大 42.16 倍、42.11 倍、42.15 倍、42.24 倍和 40.69 倍，内圈的纵向应力则分别增大了 40.50 倍、40.89 倍、39.87 倍、39.01 倍和 40.65 倍。显然，围岩的弹抗与混凝土的弹性模量相差越多，混凝土衬砌的动应力越大，对混凝土衬砌的抗震要求也就越高。

图 4.60 为在最大响应步时，整个混凝土衬砌最大的径向、环向和纵向的拉应力。在均质围岩条件下，当围岩弹抗为 E_w 时混凝土衬砌的地震响应，混凝土衬砌径向、环向和纵向的最大拉应力分别为 3.94kPa、29.50kPa 和 5.92kPa。当围岩弹抗降低一个数量级为 $0.1E_w$ 时，混凝土衬砌径向、环向和纵向的最大的拉应力，较围岩弹性阻抗为 E_w 时分别增加了 1.15 倍、3.90 倍和 3.71 倍。当围岩弹抗降低两个数量级为 $0.01E_w$ 时，三者较围岩弹性阻抗为 E_w 时分别增加了 9.95 倍、41.57 倍和 40.40 倍。显然，当围岩弹性阻抗很低时，围岩本身的稳定性较差，地震对混凝土衬砌的破坏作用就越大。

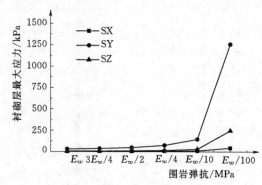

图 4.60　混凝土衬砌的最大应力与围岩弹性阻抗的关系

综上所述，围岩弹抗对混凝土衬砌的径向、环向和纵向应力均有较大影响，特别是环向应力和纵向应力。当围岩弹抗出现较大的降低时，将导致混凝土衬砌的动应力成倍、几十倍的增加，甚至有可能超过混凝土的抗拉强度而导致混凝土发生破坏，进而导致混凝土衬砌发生破坏，并影响隧洞的安全运营。因此，在隧洞施工过程中，要特别注意对较弱的围岩采取加固措施，以提高其整体抗震性能。

4.6.2　非均质围岩模型计算结果

对不同围岩弹抗条件下的三维非均质围岩模型，分别输入 Taft 地震波进行时程分析，计算其混凝土衬砌的地震响应，并提取最大地震响应步时混凝土衬砌的地震响应。

与均质围岩模型计算结果相同，围岩弹抗变化不影响混凝土衬砌动应力的分布规律和分布区域。在非均质围岩条件下，图 4.61～图 4.63 分别为混凝土衬砌后半段三个横断面外圈的径向应力、内圈的环向和纵向应力的曲线。可以看出，围岩弹抗对混凝土衬砌的地震响应有显著影响，特别是当围岩弹抗降低一个或两个数量级时，混凝土衬砌的地震响应特别是环向应力和纵向应力将成倍增长。

图 4.64 为混凝土衬砌在 135° 方向上，沿纵向的结点在外圈的径向应力、内圈的环向和纵向应力的曲线。在非均质围岩条件下，当围岩弹抗为 E_w 时，混凝土衬砌后半段在 135° 方向上沿纵向 9 个结点在外圈的径向应力为 4.25kPa、3.27kPa、3.84kPa、3.65kPa、3.76kPa、2.44kPa、3.49kPa、1.73kPa 和 4.32kPa，环向应力分别为 37.05kPa、37.66kPa、37.59kPa、37.19kPa、34.83kPa、32.00kPa、31.29kPa、31.19kPa 和 28.37kPa，纵向应力分别为 1.87kPa、2.86kPa、3.82kPa、4.08kPa、5.82kPa、8.95kPa、10.29kPa、6.93kPa 和 3.96kPa。相对于围岩弹抗为 E_w 时，在围岩弹抗数量级不变（其值为 $0.25E_w$）时，混凝土衬砌的径向应力分别增大了 94.1%、107.3%、103.9%、96.4%、83.8%、55.7%、46.7%、87.3% 和 11.6%，环向应力分别增大了 1.60 倍、1.65 倍、1.65 倍、1.63 倍、1.55 倍、1.40 倍、1.32 倍、1.31 倍和 1.23 倍，纵向应力分别增大了 1.53 倍、1.93 倍、2.17 倍、1.90 倍、1.56 倍、1.42 倍、1.19 倍、0.89 倍和 0.60 倍。当围岩弹性阻抗降低一个数量级为 $0.1E_w$ 时，混凝土衬砌的径向应力分别增大了 1.64 倍、2.08 倍、1.95 倍、1.86 倍、1.48 倍、0.85 倍、0.65 倍、1.24 倍和 0.07 倍，环向应力分别增大 3.80 倍、4.06 倍、4.04 倍、4.02 倍、3.87 倍、3.58 倍、3.39 倍、3.34 倍和 3.38 倍，纵向应力则分别增大了 4.06 倍、5.54 倍、6.52 倍、5.47 倍、4.04 倍、3.30 倍、2.61 倍、2.26 倍和 2.26 倍。当围岩弹性阻抗降低两个数量级为 $0.01E_w$ 时，混凝土衬砌的径向应力分别增大了 1.93 倍、7.43 倍、6.20 倍、5.16 倍、3.70 倍、1.61 倍、1.95 倍、－1.80 倍和 1.94 倍，环向应力分别增大 36.65 倍、40.64 倍、40.04 倍、39.41 倍、39.98 倍、40.78 倍、39.92 倍、39.11 倍和 42.63 倍，纵向应力则分别增大了 52.80 倍、65.14 倍、77.73 倍、70.99 倍、45.83 倍、28.61 倍、23.02 倍、27.48 倍和 37.32 倍。显然，围岩越弱，混凝土衬砌受到的地震作用越明显，产生的地震动应力越大。

图 4.65 为在最大响应步时，整个混凝土衬砌的最大的径向、环向和纵向的拉应力。在非均质围岩条件下，当围岩弹抗为 E_w 时，混凝土衬砌的径向、环向和纵向的最大拉应力分别为 4.33kPa、38.37kPa 和 10.81kPa。相对于围岩弹性阻抗为 E_w 时，如围岩弹性阻抗降低一个数量级，则混凝土衬砌径向、环向和纵向的最大拉应力分别增加了 1.62 倍、4.01 倍和 2.56 倍；如围岩弹性阻抗为 $0.01E_w$ 时，则三者分别增加了 12.01 倍、39.87 倍和 49.18 倍。

与均质围岩模型的计算结果相比，非均质围岩模型在相同的围岩弹抗情况下，混凝土衬砌最大的径向应力增幅为 9.9%、10.2%、13.8%、28.5%、33.6% 和 30.5%，平均增幅为 19.2%；环向拉应力的最大值分别增大了 30.1%、30.7%、30.7%、37.0%、33.0% 和 24.9%，平均增幅为 32.3%；纵向拉应力的最大值分别增大了 82.6%、76.9%、62.3%、56.3%、38.0% 和 121.3%，平均增幅 63.2%。显然，纵向应力受围岩不均匀性影响最明显，环向应力次之，受围岩不均匀性影响最小的是径向应力。

综合本节的分析结果，围岩弹抗是影响隧洞混凝土衬砌地震响应最显著的因素。在围

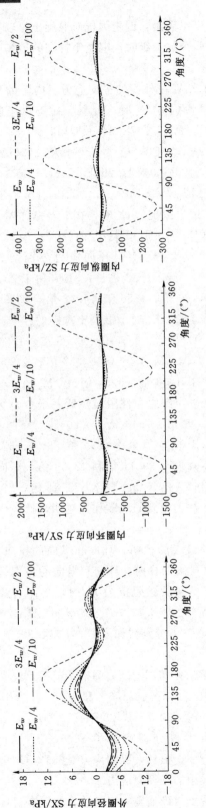

图 4.61　非均质围岩模型混凝土衬砌 1/2 断面的应力

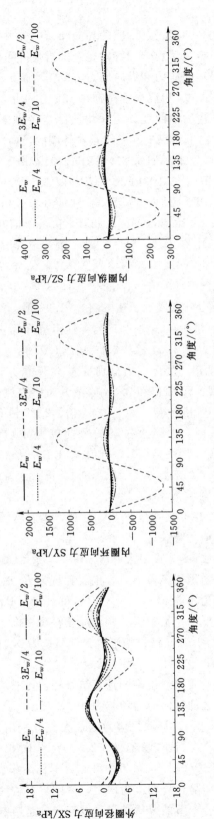

图 4.62　非均质围岩模型混凝土衬砌 3/4 断面的应力

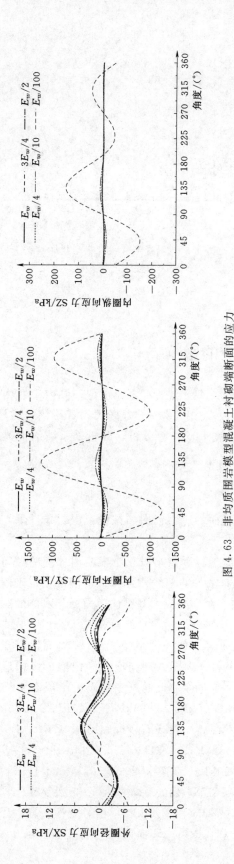

图 4.63 非均质围岩模型混凝土衬砌端断面的应力

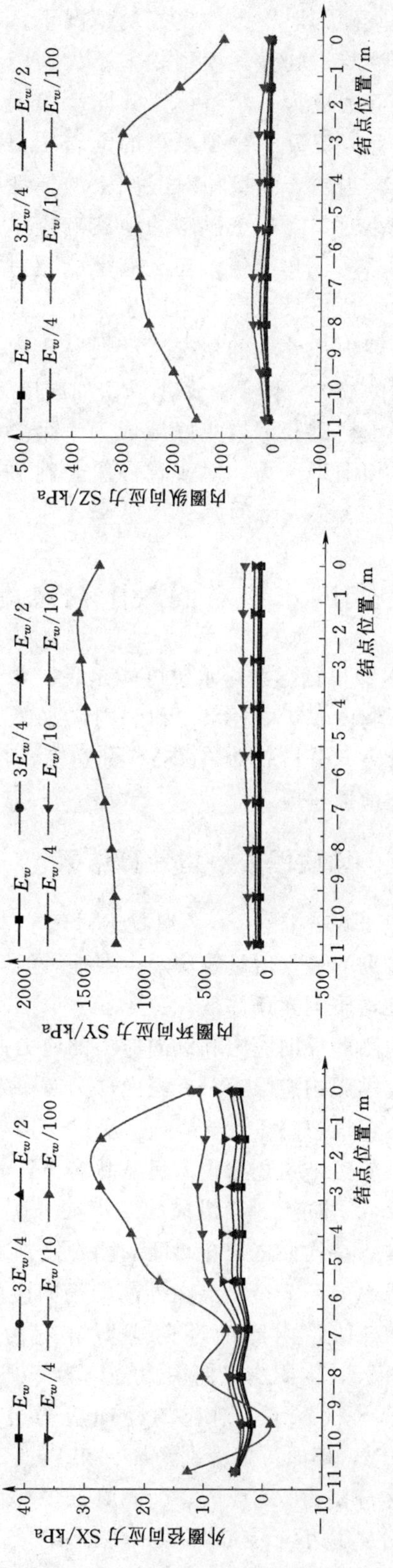

图 4.64 围岩弹抗变化时混凝土衬砌在 135°方向上的沿纵向结点的应力

岩比较坚硬、地质条件良好的情况下，其弹抗与混凝土的弹性模型相差不大，两者能够较好地成为一个整体，共同承担围岩压力，此时混凝土衬砌承担的围岩压力相对较小。当围岩弹抗相对混凝土的弹性模量比较小时，混凝土衬砌的地震响应急剧增大几倍乃至几十倍，甚至有可能超过混凝土的抗拉极限强度。当围岩条件比较弱时，出现内强外弱的情况，使混凝土衬砌和围岩的协调性降低，必须采用加固措施，使混凝土衬砌和围岩更好地成为一个整体共同承担围岩压力，对改善混凝土衬砌的抗震性能有很大帮助。

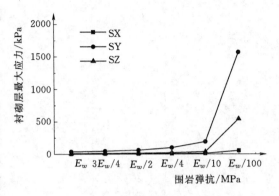

图 4.65　混凝土衬砌的最大应力与
围岩弹性阻抗的关系

4.7　洞内水体对混凝土衬砌地震响应的影响

　　本节根据隧洞内水位可能出现的情况，分无水、洞内 1/4 内径水位、洞内 1/2 内径水位、洞内 3/4 内径水位和洞内满水等 5 种情况，采用位移-压力格式和直接耦合方法，利用有限元分析软件 ANSYS 分别输入 Taft 地震波进行时程分析，分析输水隧洞混凝土衬砌的地震响应。

4.7.1　均质围岩模型计算结果

　　图 4.66～图 4.68 为混凝土衬砌整体和三个断面的应力云图，在设定围岩条件下，混凝土衬砌的最大地震响应发生在地震波峰值时刻。

　　在均质围岩条件下，图 4.69～图 4.71 为混凝土衬砌后半段三个横断面外圈的径向应力、内圈的环向应力和纵向应力的应力曲线。可以看出，管内水体水位对混凝土衬砌的地震响应的影响有限，只有径向应力有一定的影响，而环向应力和纵向应力受到水体的影响很小，可以忽略不计。

　　在施工结束还未投入运营状态下，管内尚没有水，即空管状态。图 4.72 为混凝土衬砌在 135°方向上，沿纵向的结点在外圈的径向应力、内圈的环向应力和内圈的纵向应力的曲线。在均质围岩条件下，混凝土衬砌的受力是对称的，混凝土衬砌后半段在 135°方向上沿纵向后 5 个结点在外圈的径向应力分别为 3.00kPa、2.88kPa、3.23kPa、2.26kPa 和 3.94kPa，内圈的环向应力分别为 28.96kPa、28.98kPa、28.94kPa、28.91kPa 和 27.85kPa，内圈的纵向应力分别为 5.79kPa、5.82kPa、5.81kPa、4.14kPa 和 2.52kPa。在半管水状态下，对应的径向应力分别为 2.88kPa、2.77kPa、3.10kPa、2.17kPa 和 3.77kPa，环向应力分别为 27.79kPa、27.80kPa、27.77kPa、27.74kPa 和 26.72kPa，纵向应力分别为 5.55kPa、5.58kPa、5.57kPa、3.97kPa 和 2.43kPa。相对空管状态，径向应力分别减小了 4.0%、3.8%、4.0%、4.0% 和 4.3%，环向应力分别减小了 4.0%、

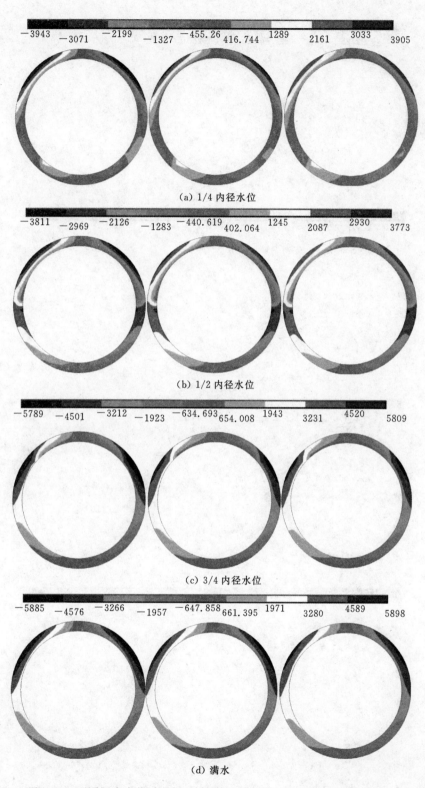

图 4.66　不同洞内水位时混凝土衬砌断面的径向应力云图（单位：Pa）

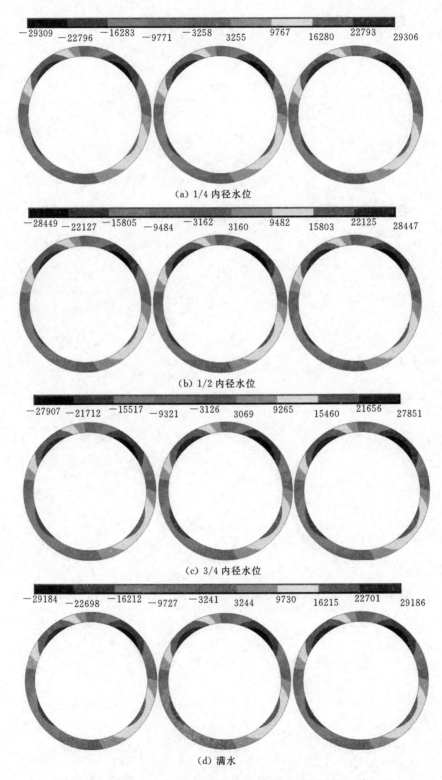

图 4.67　不同洞内水位时混凝土衬砌断面的环向应力云图（单位：Pa）

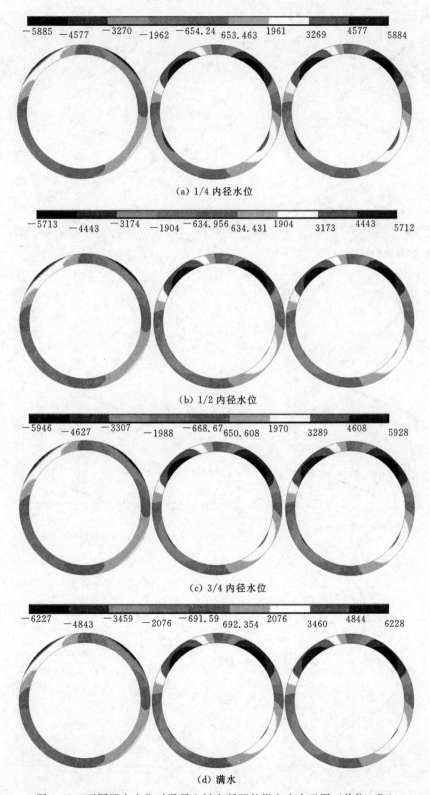

图 4.68 不同洞内水位时混凝土衬砌断面的纵向应力云图（单位：Pa）

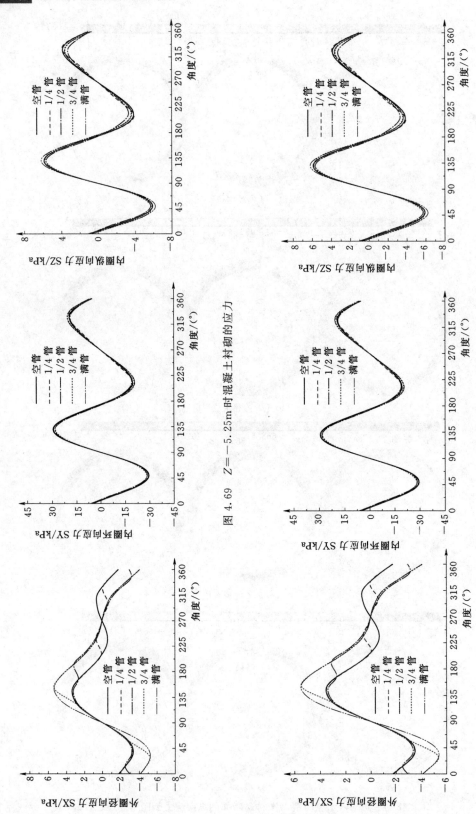

图 4.69　Z=−5.25m 时混凝土衬砌的应力

图 4.70　Z=−7.875m 时混凝土衬砌的应力

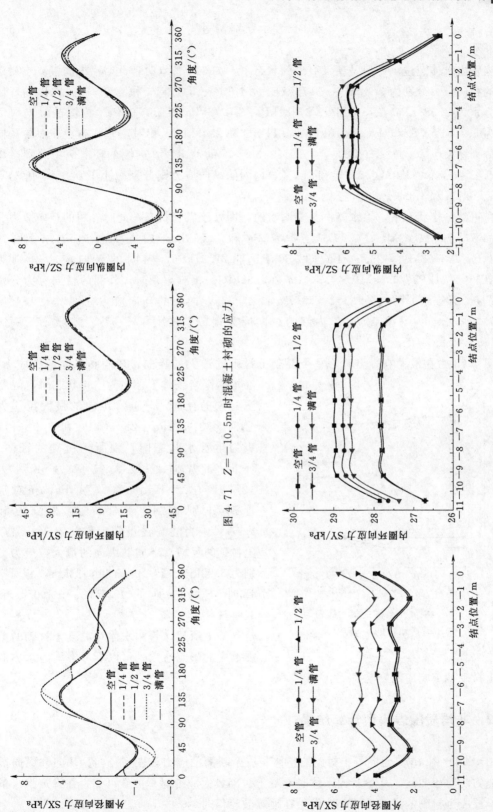

图 4.71　$Z=-10.5\text{m}$ 时混凝土衬砌的应力

图 4.72　管内水体变化时混凝土衬砌在 135°方向上的沿纵向结点的应力

4.1%、4.0%、4.0% 和 4.1%，纵向应力分别减小了 4.1%、4.1%、4.1%、4.1%
和 3.6%。

当管内水体超过 1/2 但是还没有满的状态下，如 3/4 管水时，此时沿纵向混凝土衬砌
外圈的径向应力分别为 3.87kPa、3.75kPa、4.10kPa、3.12kPa 和 4.81kPa，内圈的环向
应力分别为 27.83kPa、27.85kPa、27.81kPa、27.78kPa 和 26.70kPa，内圈的纵向应力
分别为 5.76kPa、5.80kPa、5.78kPa、4.11kPa 和 2.49kPa。相对空管状态，外圈的径向
应力分别增大了 29.0%、30.2%、26.9%、38.1% 和 22.1%，内圈的环向应力分别减小
了 3.9%、3.9%、3.9%、3.9% 和 4.1%，内圈的纵向应力则分别减小了 0.5%、0.3%、
0.5%、0.7% 和 1.2%。

在正常工作状态下，输水隧洞是充满水的，即处于满管状态，此时外圈的径向应力分
别为 4.76kPa、4.63kPa、4.99kPa、3.97kPa 和 5.75kPa，内圈的环向应力分别为
28.56kPa、28.58kPa、28.54kPa、28.50kPa 和 27.37kPa，内圈的纵向应力分别为
6.11kPa、6.14kPa、6.13kPa、4.36kPa 和 2.65kPa。相对空管时，外圈的径向应力分别
增大了 58.7%、60.8%、54.5%、75.7% 和 45.9%，内圈的环向应力分别增大 1.4%、
1.4%、1.4%、1.4% 和 1.7%，内圈的纵向应力则分别增大了 5.5%、5.5%、5.5%、
5.3% 和 5.2%。

图 4.73 为在最大响应步时，整个混凝土衬砌的最大的径向、环向和纵向的拉应力。

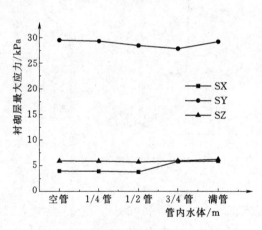

图 4.73　混凝土衬砌的最大应力与
管内水体的关系

在均质围岩条件下，当为空管状态时，混凝
土衬砌的径向、环向和纵向的最大拉应力
分别为 3.94kPa、29.50kPa 和 5.92kPa。
当为半管水状态时，混凝土衬砌的径向、
环向和纵向的最大拉应力分别为
3.77kPa、28.45kPa 和 5.71kPa，相对空
管时分别减小了 4.31%、3.56% 和
3.55%。当隧洞在正常工作状态下，混凝
土衬砌的径向、环向和纵向的最大拉应力分
别为 5.90kPa、29.19kPa 和 6.23kPa，相对空
管时分别增加了 49.75%、−1.05% 和
5.24%。

综上所述，管内水体对混凝土衬砌的地
震响应的影响有限，可以不考虑洞内水体对
混凝土衬砌地震响应的影响。

4.7.2　非均质围岩模型计算结果

图 4.74～图 4.76 为混凝土衬砌的整体和三个断面的应力云图，径向、环向和纵向最
大拉应力的时程曲线。从各管内水体时混凝土衬砌最大应力时程曲线可知，在设定围岩条
件下，混凝土衬砌的最大地震响应发生在地震波峰值时刻。

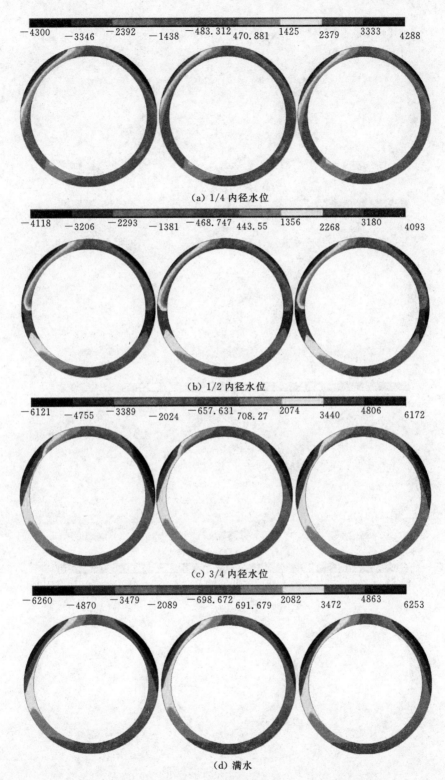

图 4.74　混凝土衬砌 3 个断面的径向应力云图（单位：Pa）

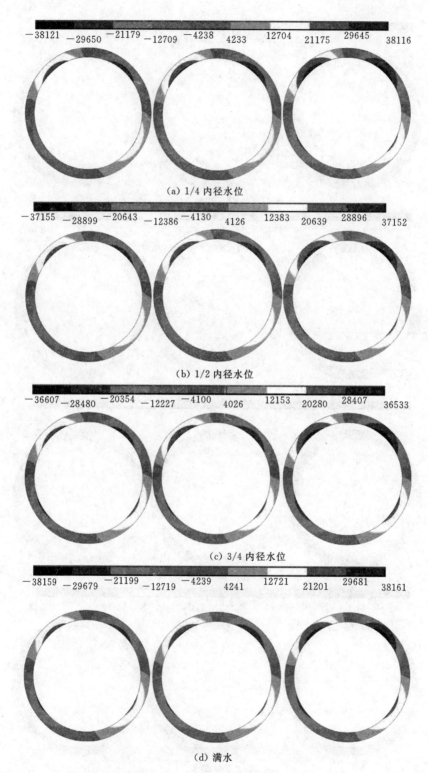

(a) 1/4 内径水位

(b) 1/2 内径水位

(c) 3/4 内径水位

(d) 满水

图 4.75　混凝土衬砌 3 个断面的环向应力云图（单位：Pa）

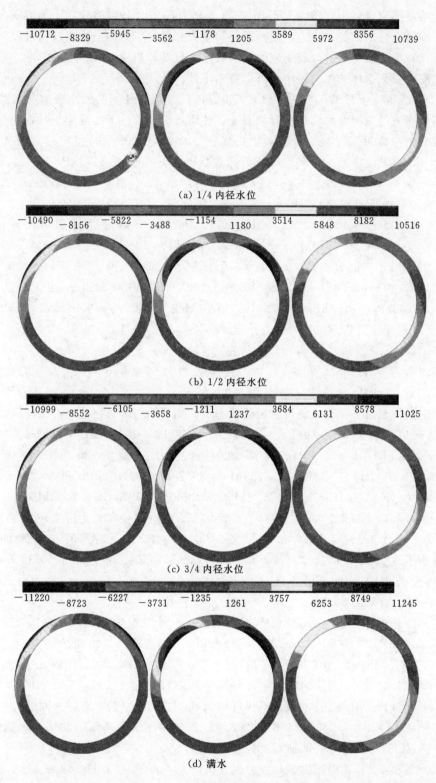

图 4.76　混凝土衬砌 3 个断面的纵向应力云图（单位：Pa）

在非均质围岩条件下，图4.77～图4.79分别为在Taft地震波作用下为混凝土衬砌后半段三个横断面外圈的径向应力、内圈的环向应力和纵向应力的应力曲线。可以看出，管内水体水位对混凝土衬砌的地震响应的影响有限，只对径向应力有一定的影响，而环向应力和纵向应力受到水体的影响很小，可以忽略不计。

图4.80为混凝土衬砌在135°方向上，沿纵向的结点在外圈的径向应力、内圈的环向应力和纵向应力的应力曲线。在空管状态下，非均质围岩条件下的混凝土衬砌的受力是对称的，混凝土衬砌后半段在135°方向上沿纵向9个结点在外圈的径向应力为4.25kPa、3.27kPa、3.84kPa、3.65kPa、3.76kPa、2.44kPa、3.49kPa、1.73kPa和4.32kPa，环向应力分别为37.05kPa、37.66kPa、37.59kPa、37.19kPa、34.83kPa、32.00kPa、31.29kPa、31.19kPa和28.37kPa，纵向应力分别为1.87kPa、2.86kPa、3.82kPa、4.08kPa、5.82kPa、8.95kPa、10.29kPa、6.93kPa和3.96kPa。在半管水状态下，对应的径向应力分别为4.06kPa、3.17kPa、3.69kPa、3.50kPa、3.59kPa、2.29kPa、3.30kPa、1.58kPa和4.09kPa，环向应力分别为35.78kPa、36.32kPa、36.20kPa、35.73kPa、33.31kPa、30.38kPa、29.56kPa、29.39kPa和26.64kPa，纵向应力分别为1.75kPa、2.66kPa、3.54kPa、3.79kPa、5.51kPa、8.60kPa、9.95kPa、6.72kPa和3.84kPa。相对于空管状态，径向应力分别减小了4.5%、3.1%、3.9%、4.1%、4.5%、6.1%、5.4%、8.7%和5.3%，环向应力分别减小了3.4%、3.6%、3.7%、3.9%、4.4%、5.1%、5.5%、5.8%和6.1%，纵向应力分别减小了6.4%、7.0%、7.3%、7.1%、5.3%、3.9%、3.3%、3.0%和3.0%。

当管内水体超过1/2但是还没有满的状态下，如3/4管水时，此时沿纵向混凝土衬砌外圈的径向应力分别为5.10kPa、4.16kPa、4.69kPa、4.51kPa、4.62kPa、3.19kPa、4.31kPa、2.50kPa和5.12kPa，内圈的环向应力分别为35.95kPa、36.53kPa、36.42kPa、35.93kPa、30.14kPa、36.53kPa、29.28kPa、29.12kPa和26.26kPa，内圈的纵向应力分别为1.77kPa、2.72kPa、3.59kPa、3.78kPa、5.63kPa、8.98kPa、10.33kPa、6.91kPa和3.93kPa。相对于空管状态，外圈的径向应力分别增大了20.0%、27.2%、22.1%、23.6%、22.9%、30.7%、23.5%、44.5%和18.5%，内圈的环向应力分别减小了3.0%、3.0%、3.1%、3.4%、4.3%、5.8%、6.4%、6.6%和7.4%，内圈的纵向应力则分别减小了5.3%、4.9%、6.0%、7.4%、3.3%、0.3%（增大）、0.4%（增大）、0.3%和0.8%。

在正常工作的满管状态下，外圈的径向应力分别为6.04kPa、5.02kPa、5.60kPa、5.43kPa、5.54kPa、4.00kPa、5.22kPa、3.22kPa和6.04kPa，内圈的环向应力分别为36.72kPa、37.36kPa、37.27kPa、36.80kPa、34.19kPa、31.01kPa、30.19kPa、30.06kPa和27.12kPa，内圈的纵向应力分别为1.93kPa、2.95kPa、3.88kPa、4.01kPa、5.96kPa、9.50kPa、10.84kPa、7.23kPa和4.14kPa。相对空管状态，外圈的径向应力分别增大了42.1%、53.5%、45.8%、48.8%、47.3%、63.9%、49.6%、91.9%和39.8%，内圈的环向应力分别减小0.9%、0.8%、0.9%、1.0%、1.8%、3.1%、3.5%、3.6%和4.4%，内圈的纵向应力则分别增大了3.2%、3.1%、1.6%、1.7%（减小）、2.4%、6.1%、5.3%、4.3%和4.5%。

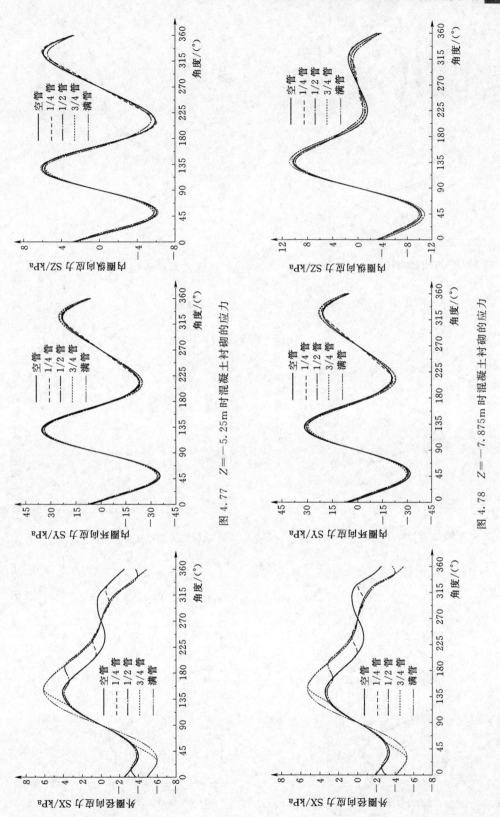

图 4.77 Z=−5.25m 时混凝土衬砌的应力

图 4.78 Z=−7.875m 时混凝土衬砌的应力

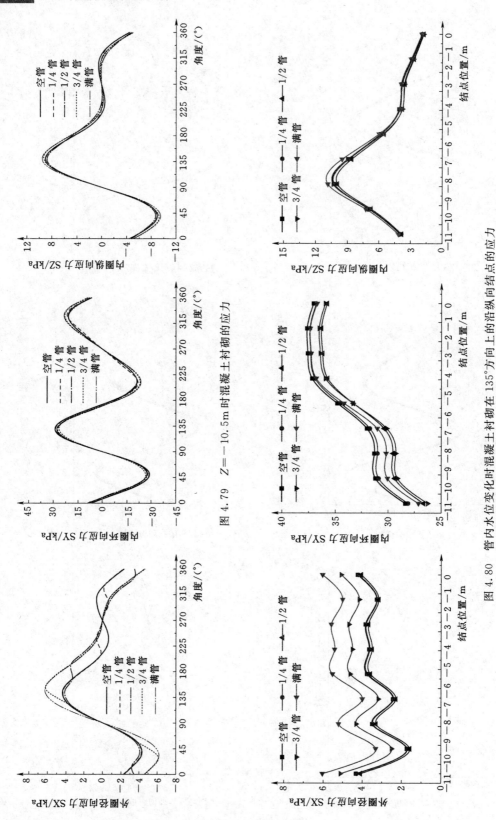

图 4.79 $Z=-10.5\text{m}$ 时混凝土衬砌的应力

图 4.80 管内水位变化时混凝土衬砌在 135°方向上的沿纵向结点的应力

图 4.81 为在最大响应步时，整个混凝土衬砌的最大的径向、环向和纵向的拉应力。在非均质围岩条件下，空管状态的混凝土衬砌的径向、环向和纵向的最大拉应力分别为 4.33kPa、38.37kPa 和 10.81kPa。在半管水状态下，混凝土衬砌的径向、环向和纵向的最大拉应力分别为 4.09kPa、37.15kPa 和 10.52kPa，相对于空管时分别减小了 5.54%、3.18% 和 2.68%。当隧洞在正常工作满管状态时，混凝土衬砌的径向、环向和纵向的最大拉应力分别为 6.25kPa、38.16kPa 和 11.25kPa，相对空管时分别增加了 44.34%、−0.55% 和 4.07%。

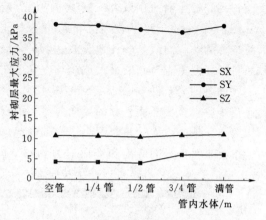

图 4.81　混凝土衬砌的最大应力与
管内水体的关系

与均质围岩模型的计算结果相比，在非均质围岩条件下，当为相同水体水位条件时，混凝土衬砌最大的径向应力增幅为 9.9%、10.0%、8.5%、6.2% 和 5.9%，平均增幅为 8.1%。环向拉应力的最大值分别增大了 30.1%、30.1%、30.6%、31.2% 和 30.7%，平均增幅为 30.5%。纵向拉应力的最大值分别增大了 82.6%、82.7%、84.2%、85.8% 和 80.6%，平均增幅 83.2%。显然，纵向应力受围岩不均匀性影响最明显，环向应力次之，径向应力受围岩不均匀性影响最小。

综上所述，管内水体对混凝土衬砌的地震响应的影响有限。当管内水体不超过半管时，径向应力随水位的增高而略有减小。当水位超过半管后，径向应力受水体的影响逐渐明显，满管时达到最大。环向应力随着管内水体的增大而减小，但是当隧洞正常工作时，环向应力有所回升。纵向应力受管内水体的影响情况和径向应力一致。综合而言，管内水体对混凝土衬砌的地震响应影响很小，可以忽略不计。因此，现行规范在考虑衬砌结构的抗震效应时不考虑管内水体的影响是合理的。

4.8　地震波入射角对混凝土衬砌地震响应的影响

从震害分析来看，地震波的入射方向对于地下结构来说十分重要。但是当地震发生时，实际的地震波入射角有多大是一个难以确定的问题。因此，研究不同入射角的地震波对地下结构的影响具有重要意义。本节考虑混凝土衬砌与围岩的相互作用，采用地层结构模型和有限元法，采用 DP 模型模拟围岩的非线性特性，输入 Taft 地震波（最大加速度记录调整为 0.1g，符合Ⅶ度烈度的要求），使其入射角在平面内由 0°到 90°之间变化，每隔 15°计算一次，即分 0°、15°、30°、45°、60°、75°和 90°共 7 种，分析地震波入射角对输水隧洞混凝土衬砌地震响应的影响。

4.8.1　均质围岩模型计算结果

对三维均质围岩模型分别输入不同入射角的地震波进行时程分析，计算其在地震作用下混凝土衬砌的地震响应，并提取最大地震响应步时混凝土衬砌的地震响应。这里给出混凝土衬砌和特定断面在最大响应步时的地震响应，包括径向、环向和纵向的应力。

图 4.82～图 4.84 为混凝土衬砌的整体和三个断面的应力云图，径向、环向和纵向最大拉应力的时程曲线。从各地震波入射角时混凝土衬砌最大应力时程曲线可知，在设定围岩条件下，混凝土衬砌的最大地震响应发生在地震波峰值时刻。

在均质围岩条件下，图 4.85～图 4.87 分别为在不同入射角的地震波作用下为混凝土衬砌后半段三个横断面外圈的径向应力、内圈的环向应力和内圈的纵向应力的应力曲线。可以看出，地震波入射角对混凝土衬砌的地震响应有显著的影响。随着地震波入射角的增大，混凝土衬砌径向应力和环向应力均有不同程度的降低，而纵向应力则有一定的增大（或者压应力逐渐减小，最后产生拉应力）。总体上说，横向剪切波也就是地震波入射角度

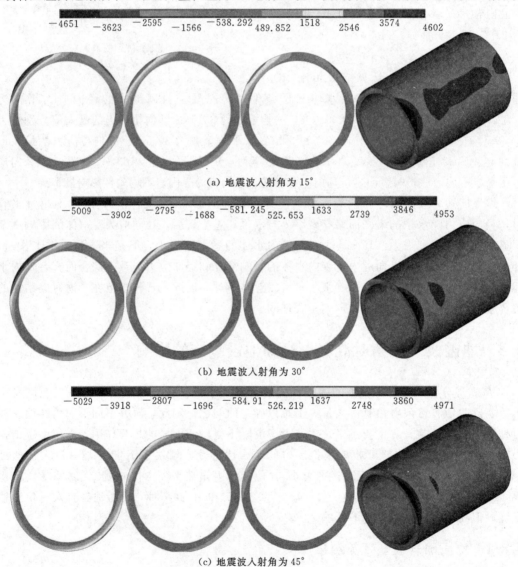

图 4.82（一）　不同地震波入射角时混凝土衬砌的径向应力云图（单位：Pa）

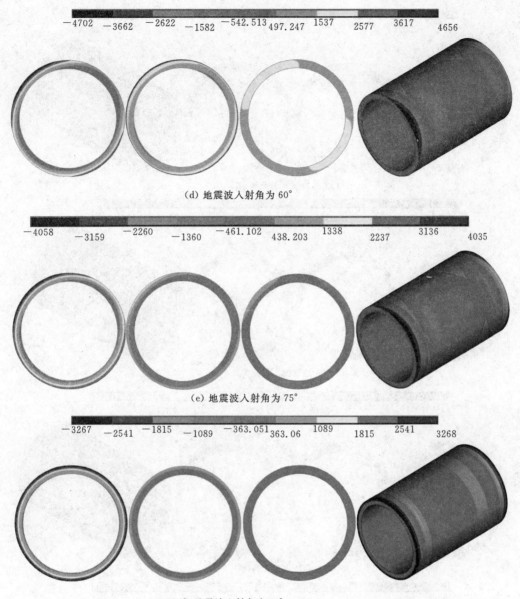

（d）地震波入射角为 60°

（e）地震波入射角为 75°

（f）地震波入射角为 90°

图 4.82（二）　不同地震波入射角时混凝土衬砌的径向应力云图（单位：Pa）

为 0°时对结构的破坏作用最大，抗震措施应主要根据横向剪切波的破坏作用采取相应的措施。纵向应力随着地震波入射角的变化，最大应力出现的区域逐渐增大，由内圈逐渐往外圈扩展。

图 4.88 为混凝土衬砌在 135°方向上，沿纵向的结点在外圈的径向应力、内圈的环向应力和内圈的纵向应力的应力曲线。在均质围岩条件下，当地震波入射角为 0°即横向剪切波时，混凝土衬砌后半段在 135°方向上沿纵向 9 个结点在外圈的径向应力为 3.94kPa、2.26kPa、3.23kPa、2.88kPa、3.00kPa、2.88kPa、3.23kPa、2.26kPa 和 3.94kPa，内

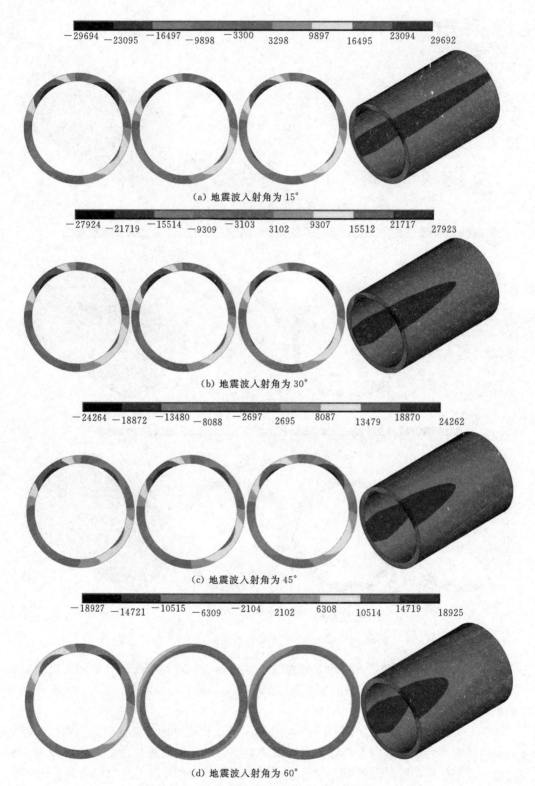

（a）地震波入射角为 15°

（b）地震波入射角为 30°

（c）地震波入射角为 45°

（d）地震波入射角为 60°

图 4.83（一） 不同地震波入射角时混凝土衬砌的环向应力云图（单位：Pa）

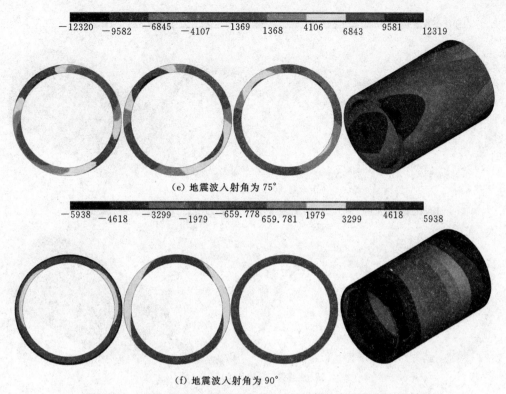

−12320 −9582 −6845 −4107 −1369 1368 4106 6843 9581 12319

（e）地震波入射角为75°

−5938 −4618 −3299 −1979 −659.778 659.781 1979 3299 4618 5938

（f）地震波入射角为90°

图4.83（二） 不同地震波入射角时混凝土衬砌的环向应力云图（单位：Pa）

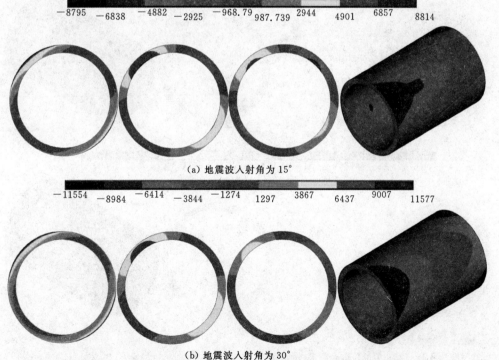

−8795 −6838 −4882 −2925 −968.79 987.739 2944 4901 6857 8814

（a）地震波入射角为15°

−11554 −8984 −6414 −3844 −1274 1297 3867 6437 9007 11577

（b）地震波入射角为30°

图4.84（一） 不同地震波入射角时混凝土衬砌的纵向应力云图（单位：Pa）

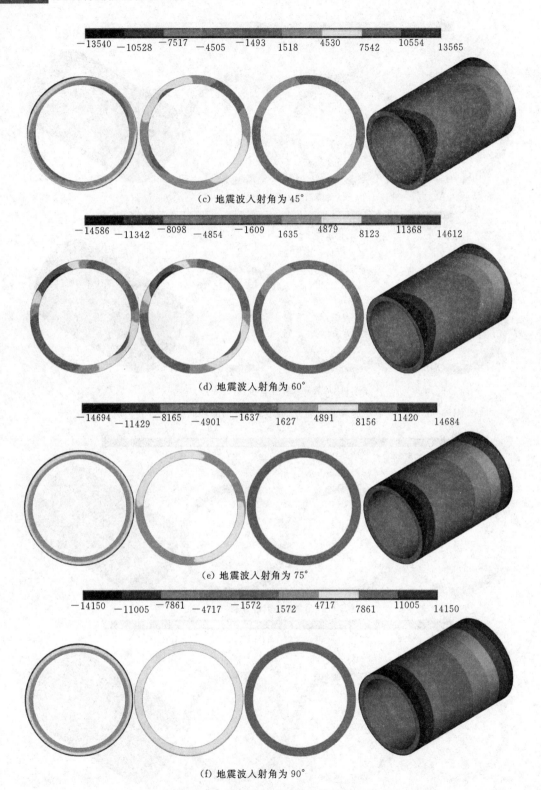

(c) 地震波入射角为 45°

(d) 地震波入射角为 60°

(e) 地震波入射角为 75°

(f) 地震波入射角为 90°

图 4.84（二）　不同地震波入射角时混凝土衬砌的纵向应力云图（单位：Pa）

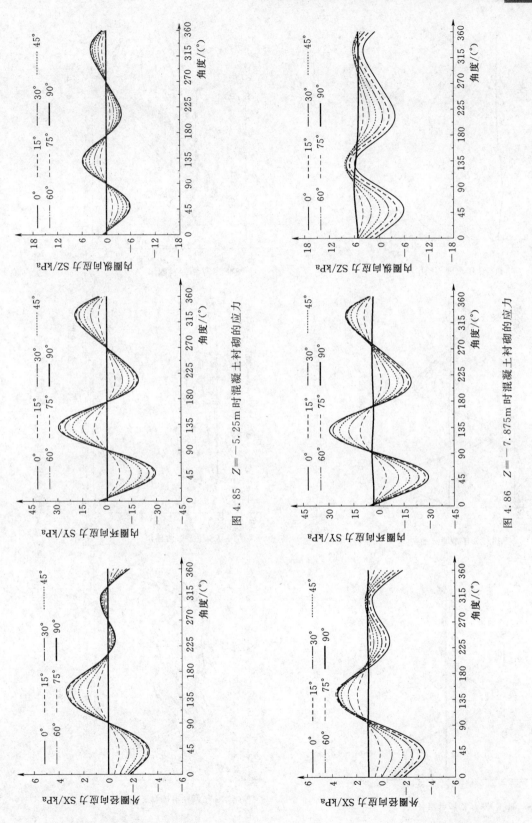

图 4.85 $Z=-5.25\mathrm{m}$ 时混凝土衬砌的应力

图 4.86 $Z=-7.875\mathrm{m}$ 时混凝土衬砌的应力

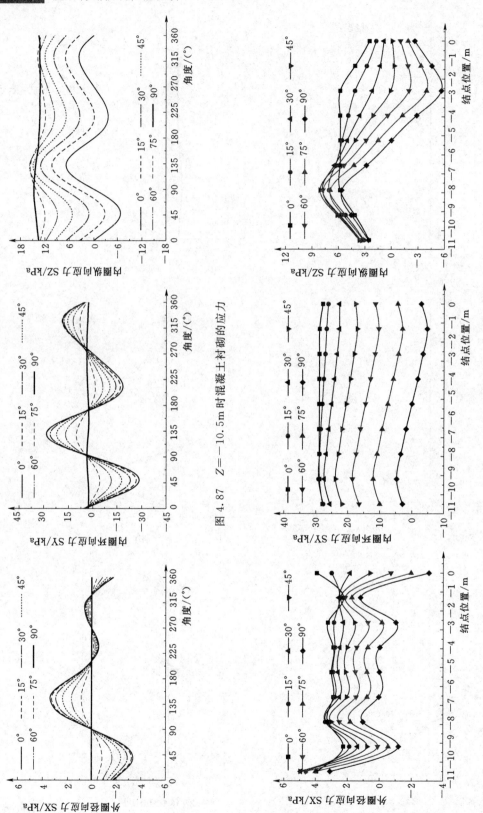

图 4.87　$Z=-10.5\text{m}$ 时混凝土衬砌的应力

图 4.88　地震波入射角变化时混凝土衬砌在 135° 方向上的沿纵向结点的应力

圈的环向应力分别为 27.85kPa、28.91kPa、28.94kPa、28.98kPa、28.96kPa、28.98kPa、28.94kPa、28.91kPa 和 27.85kPa，内圈的纵向应力分别为 2.52kPa、4.14kPa、5.81kPa、5.82kPa、5.79kPa、5.82kPa、5.81kPa、4.14kPa 和 2.52kPa。当地震波入射角为 45°时，对应的径向应力分别为 0.60kPa、2.44kPa、1.56kPa、2.02kPa、2.12kPa、2.06kPa、3.01kPa、0.76kPa 和 4.97kPa，环向应力分别为 17.66kPa、17.11kPa、18.05kPa、19.23kPa、20.49kPa、21.77kPa、22.91kPa、23.79kPa 和 21.74kPa，纵向应力分别为 −0.05kPa、−0.28kPa、0.13kPa、2.11kPa、4.10kPa、6.13kPa、8.09kPa、6.13kPa 和 3.62kPa。相对横向剪切波引起的地震响应，外圈的径向应力分别减小了 84.8%、8.0%（增大）、51.7%、29.9%、29.3%、28.5%、6.8%、66.4% 和 26.1%（增大），内圈的环向应力分别减小了 36.6%、40.8%、37.6%、33.6%、29.2%、24.9%、20.8%、17.7% 和 21.9%，内圈的纵向应力在前 5 个结点分别减小了 102.0%、106.8%、97.8%、63.7%、29.2%，后 4 个结点分别增大了 5.3%、39.2%、48.1% 和 43.7%。需要指明的是，当应力的减小幅度超过 100%时，表明应力的符号发生了变化，由拉应力变为压应力，或者由压应力变为拉应力（以下相同，不再说明）；混凝土衬砌端部的地震响应受约束条件的影响，规律性和中间段有差异。

当地震波入射角为 90°时，此时沿纵向混凝土衬砌外圈的径向应力分别为 −3.09kPa、1.19kPa、−1.03kPa、−0.03kPa、0.00kPa、0.03kPa、1.03kPa、−1.09kPa 和 3.09kPa，内圈的环向应力分别为 −2.88kPa、−4.72kPa、−3.44kPa、−1.79kPa、0.00kPa、1.79kPa、3.44kPa、4.72kPa 和 2.88kPa，内圈的纵向应力分别为 −2.59kPa、−4.53kPa、−5.62kPa、−2.84kPa、0.00kPa、2.84kPa、5.62kPa、4.53kPa 和 2.59kPa。相对横向剪切波时的地震响应，内圈的径向应力分别减小了 178.4%、47.3%、131.9%、101.0%、100.0%、99.0%、68.1%、152.7% 和 21.6%，内圈的环向应力分别减小了 110.3%、116.3%、111.9%、106.2%、100.0%、93.8%、88.1%、83.7% 和 89.7%，内圈的纵向应力则分别减小了 202.8%、209.4%、196.7%、148.8%、100.0%、51.2%、3.3%、9.4%（增大）和 2.8%（增大）。

图 4.89 为在最大响应步时（与地震波峰值同步），整个混凝土衬砌的最大的径向、环向和纵向的拉应力。在均质围岩条件下，在横向剪切波作用下，混凝土衬砌的径向、环向和纵向的最大拉应力分别为 3.94kPa、29.50kPa 和 5.92kPa。当地震波入射角为 45°时，混凝土衬砌的径向、环向和纵向的最大拉应力分别为 4.97kPa、24.26kPa 和 13.57kPa，相对横向剪切波时分别增大了 26.1%、减小了 17.8% 和增大了 129.2%。当地震波入射角为 90°时，混凝土衬砌的径向、环向和纵向的最大拉应力分别为 3.27kPa、5.94kPa 和 14.15kPa，相对横向剪切波时分别减小了 17.0%、79.9% 和增大

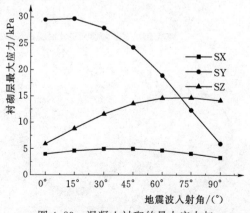

图 4.89　混凝土衬砌的最大应力与
地震波入射角的关系

了 139.0%。由此可见，当地震波入射角达到 45°时，混凝土衬砌的径向拉应力最大；当地震波入射角达到 75°时，环向拉应力最大；当地震波入射角为 90°时，纵向拉应力最大。在地震波入射角不断变化的过程中，混凝土衬砌的控制应力逐渐由环向应力转变为纵向应力，但混凝土衬砌的应力整体上呈减小的趋势。

综上所述，地震波入射角对混凝土衬砌的地震响应有很大的影响。虽然围岩是均质的，但是由于地震波入射角的变化而使结构的受力状态不再对称。随着地震波入射角的增大，混凝土衬砌的径向应力和环向应力逐渐减小，而纵向应力则逐渐增大。当地震波入射角超过 75°时，混凝土衬砌的纵向应力超过环向应力。当地震波入射角为 90°时，混凝土衬砌的径向应力和环向应力已经很小，对混凝土衬砌的受力影响很小。当地震波入射角小于 75°时，混凝土衬砌最大的应力仍然是环向应力。当地震波入射角超过 75°时，混凝土衬砌最大的应力则转化为纵向应力。因此要注意在不同入射角的地震波作用下，可能出现控制应力的转化，在采取抗震措施的时候应该考虑这一点。

4.8.2　非均质围岩模型计算结果

对三维非均质围岩模型分别输入不同入射角的地震波进行时程分析，计算其在地震作用下混凝土衬砌的地震响应，并提取最大地震响应步时混凝土衬砌的地震响应。这里给出混凝土衬砌和特定断面在最大响应步时的地震响应，包括径向、环向和纵向的应力。

图 4.90～图 4.92 为混凝土衬砌的应力云图、混凝土衬砌三个断面的应力云图，径

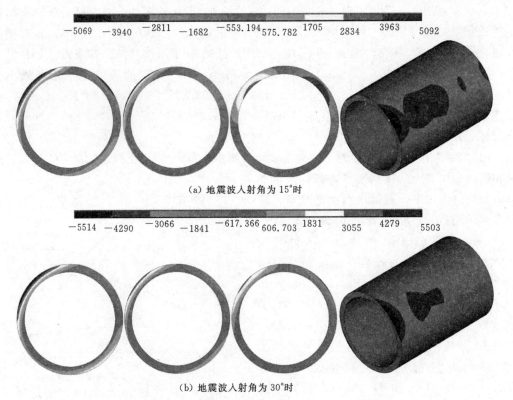

（a）地震波入射角为 15°时

（b）地震波入射角为 30°时

图 4.90（一）　混凝土衬砌的径向应力云图（单位：Pa）

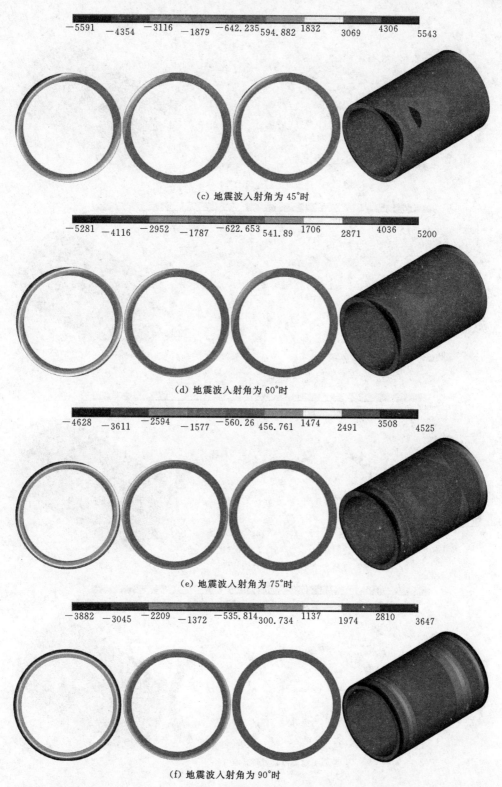

(c) 地震波入射角为 45°时

(d) 地震波入射角为 60°时

(e) 地震波入射角为 75°时

(f) 地震波入射角为 90°时

图 4.90（二）　混凝土衬砌的径向应力云图（单位：Pa）

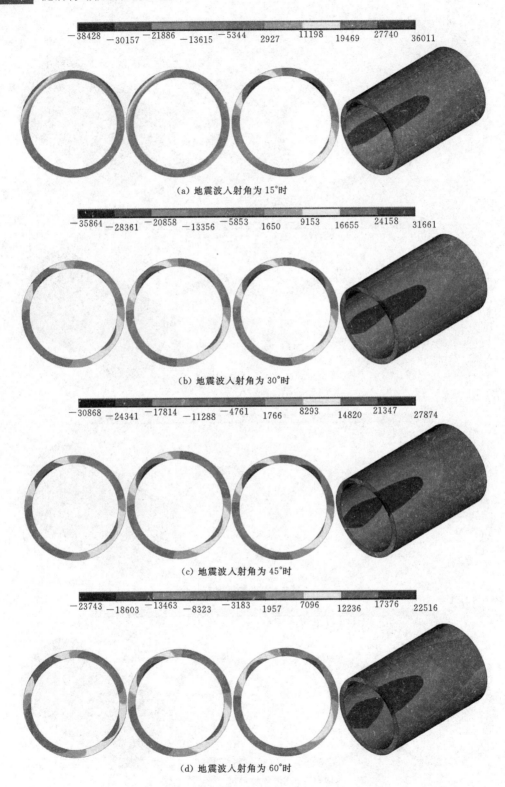

图 4.91（一） 混凝土衬砌的环向应力云图（单位：Pa）

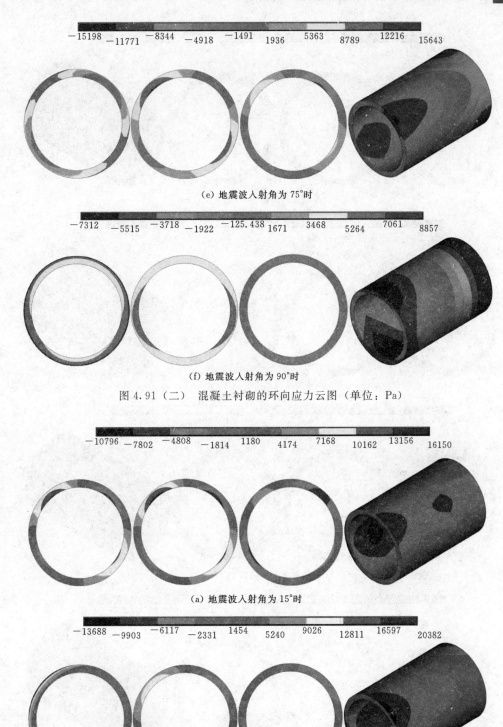

-15198 -11771 -8344 -4918 -1491 1936 5363 8789 12216 15643

（e）地震波入射角为 75°时

-7312 -5515 -3718 -1922 -125.438 1671 3468 5264 7061 8857

（f）地震波入射角为 90°时

图 4.91（二）　混凝土衬砌的环向应力云图（单位：Pa）

-10796 -7802 -4808 -1814 1180 4174 7168 10162 13156 16150

（a）地震波入射角为 15°时

-13688 -9903 -6117 -2331 1454 5240 9026 12811 16597 20382

（b）地震波入射角为 30°时

图 4.92（一）　混凝土衬砌的纵向应力云图（单位：Pa）

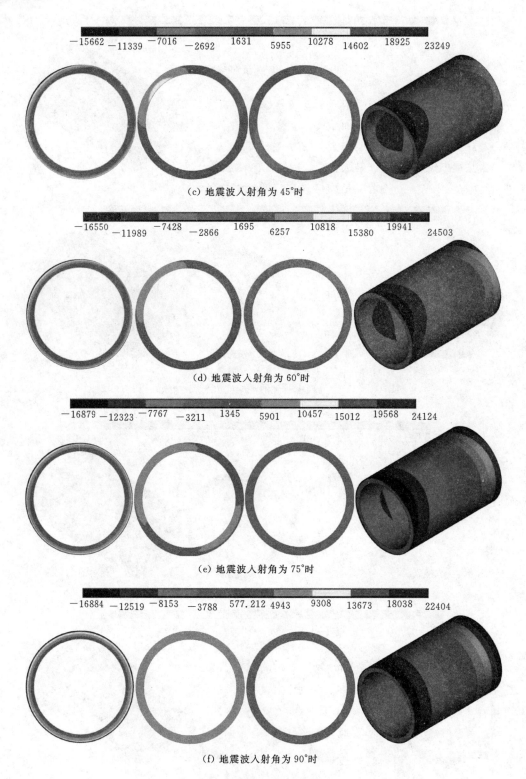

(c) 地震波入射角为 45°时

(d) 地震波入射角为 60°时

(e) 地震波入射角为 75°时

(f) 地震波入射角为 90°时

图 4.92（二）　混凝土衬砌的纵向应力云图（单位：Pa）

向、环向和纵向最大拉应力的时程曲线。从各地震波入射角时混凝土衬砌最大应力时程曲线可知，在设定围岩条件下，混凝土衬砌的最大地震响应发生在地震波峰值时刻。

在非均质围岩条件下，图 4.93～图 4.95 分别为在 Taft 地震波作用下为混凝土衬砌后半段 3 个横断面外圈的径向应力、内圈的环向应力和内圈的纵向应力。可以看出，地震波入射角对混凝土衬砌的地震响应有显著的影响。混凝土衬砌外圈的径向应力和内圈的环向应力随着地震波入射角的增大而减小，特别是环向应力减小特别明显，内圈的纵向应力随着地震波入射角的增大而有所增大。混凝土衬砌应力较大的区域在第 I、II 象限，其中最大拉应力出现在第 II 象限，最大压应力出现在第 I 象限，混凝土衬砌下半部分应力相对较小，这与其他影响因素的情况是相同的。总体而言，横向剪切波也就是地震波入射角度为 0°时对结构的破坏作用最大，抗震措施应主要根据横向剪切波的破坏作用采取相应的措施。就纵向应力而言，随着地震波入射角的变化，最大应力出现的区域逐渐增大，由内圈逐渐往外圈扩展，这与均质围岩条件下的情况是一致的。

在横向剪切波作用下，图 4.96 为混凝土衬砌在 135°方向上，沿纵向的结点在外圈的径向应力、内圈的环向应力和内圈的纵向应力。在非均质围岩条件下，当地震波入射角为 0°即横向剪切波时，混凝土衬砌后半段在 135°方向上沿纵向 9 个结点在外圈的径向应力为 4.25kPa、3.27kPa、3.84kPa、3.65kPa、3.76kPa、2.44kPa、3.49kPa、1.73kPa 和 4.32kPa，内圈的环向应力分别为 37.05kPa、37.66kPa、37.59kPa、37.19kPa、34.83kPa、32.00kPa、31.29kPa、31.19kPa 和 28.37kPa，内圈的纵向应力分别为 1.87kPa、2.86kPa、3.82kPa、4.08kPa、5.82kPa、8.95kPa、10.29kPa、6.93kPa 和 3.96kPa。当地震波入射角为 45°时，对应的径向应力分别为 0.51kPa、3.35kPa、1.91kPa、2.56kPa、2.73kPa、1.74kPa、3.45kPa、0.45kPa 和 5.52kPa，环向应力分别为 24.37kPa、23.20kPa、24.02kPa、24.88kPa、24.54kPa、24.30kPa、25.73kPa、27.53kPa 和 22.88kPa，纵向应力分别为 −1.03kPa、−2.00kPa、−2.50kPa、−0.17kPa、3.51kPa、8.54kPa、12.20kPa、8.48kPa 和 4.34kPa。相对横向剪切波作用下混凝土衬砌的地震响应，外圈的径向应力分别减小了 −88.0%、2.4%（增大）、−50.3%、29.9%、27.4%、28.7%、1.1%、74.0%和 27.8%（增大），内圈的环向应力分别减小了 34.2%、38.4%、36.1%、33.1%、29.5%、24.1%、17.8%、11.7%和 19.4%，内圈的纵向应力在前 6 个结点分别减小了 155.1%、169.9%、165.4%、104.2%、39.7%、4.6%，后 3 个结点分别增大了 18.6%、22.4%和 9.6%。

当地震波入射角为 90°时，此时沿纵向混凝土衬砌外圈的径向应力分别为 −3.53kPa、1.47kPa、−1.14kPa、−0.03kPa、0.10kPa、0.03kPa、1.38kPa、−1.10kPa 和 3.49kPa，内圈的环向应力分别为 −2.60kPa、−4.86kPa、−3.64kPa、−2.02kPa、−0.15kPa、2.35kPa、5.08kPa、7.73kPa 和 3.96kPa，内圈的纵向应力分别为 −3.33kPa、−5.68kPa、−7.36kPa、−4.32kPa、−0.86kPa、3.13kPa、6.96kPa、5.05kPa 和 2.18kPa。相对横向剪切波作用下混凝土衬砌的地震响应，外圈的径向应力分别减小了 183.1%、55.0%、129.7%、100.8%、97.3%、98.8%、60.5%、163.6%和 19.2%，内圈的环向应力分别减小了 107.0%、112.9%、109.7%、105.4%、100.4%、92.7%、83.8%、75.2%和 86.0%，内圈的纵向应力则分别减小了 278.1%、298.6%、292.7%、205.9%、

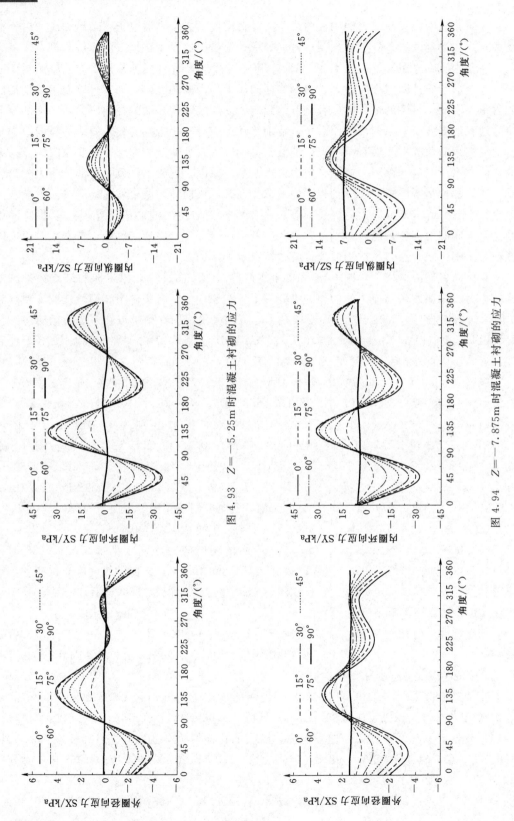

图 4.93　$Z = -5.25\text{m}$ 时混凝土衬砌的应力

图 4.94　$Z = -7.875\text{m}$ 时混凝土衬砌的应力

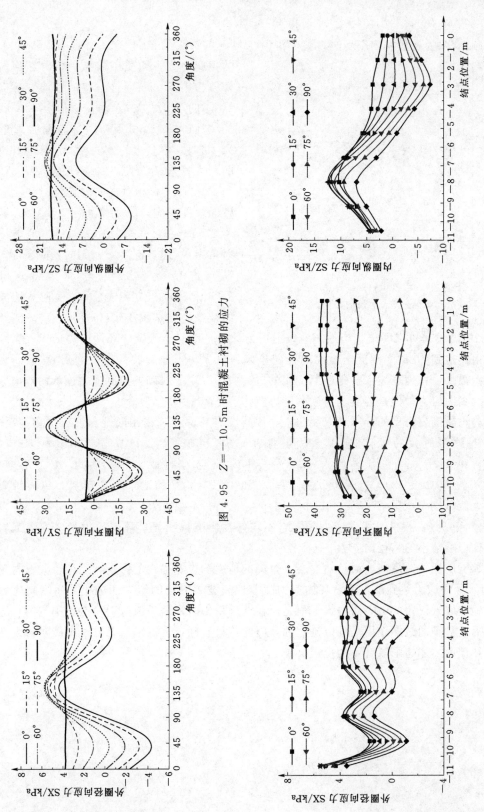

图 4.95　Z=−10.5 m 时混凝土衬砌的应力

图 4.96　地震波入射角变化时混凝土衬砌在 135°方向上的沿纵向结点的应力

114.8％、65.0％、32.4％、27.1％和 44.9％。

图 4.97 为在最大响应步时，整个混凝土衬砌的最大的径向 SX、环向 SY 和纵向 SZ

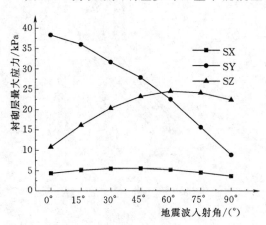

图 4.97　混凝土衬砌的最大应力与
地震波入射角的关系

的拉应力。在均质围岩条件下，在横向剪切波作用下，混凝土衬砌的径向、环向和纵向的最大拉应力分别为 4.33kPa、38.37kPa 和 10.81kPa；当地震波入射角为 45°时，混凝土衬砌的径向、环向和纵向的最大拉应力分别为 5.54kPa、27.87kPa 和 23.25kPa，相对横向剪切波时混凝土衬砌的地震响应，分别增大了 27.9％、减小了 27.4％和增大了 115.1％；当地震波入射角为 90°时，混凝土衬砌的径向、环向和纵向的最大拉应力分别为 3.65kPa、8.86kPa 和 22.40kPa；相对横向剪切波时的结果，分别减小了 15.7％、76.9％和增大了 107.2％。可以看出，当地震波入射角为 0°时，混凝土衬砌的环向应力最大，当地震波入射角达到 45°时，混凝土衬砌的径向拉应力最大，当地震波入射角达到 60°时，纵向拉应力最大。在地震波入射角不断变化的过程中，混凝土衬砌的控制应力逐渐由环向应力转变为纵向应力，但是混凝土衬砌的应力整体上呈减小的趋势。

与均质围岩模型的计算结果相比，非均质围岩条件下，在相同地震波入射角情况下，混凝土衬砌最大的径向应力增幅分别为 9.9％、10.7％、11.1％、11.5％、11.6％、11.9％和 11.6％，平均增幅为 11.2％；环向拉应力的最大值分别增大了 30.1％、21.3％、13.4％、14.9％、19.0％、26.9％和 49.2％，平均增幅为 25.0％；纵向拉应力的最大值分别增大了 82.6％、83.3％、76.0％、71.3％、67.7％、64.3％和 58.3％，平均增幅 71.9％。显然，纵向应力受围岩不均匀性影响最明显，环向应力次之，受围岩不均匀性影响最小的是径向应力。

综上所述，地震波入射角对混凝土衬砌的地震响应有很大的影响，当地震波入射角为 45°时，径向应力达到最大值，环向应力随着地震波入射角的增大而减小，而纵向应力则随着地震波入射角的增大而增大。但是，在地震发生时，地震波入射角是不确定的，地震对混凝土衬砌的破坏作用是难以确定的，因此，只有确定特定围岩条件下地震对衬砌结构的破坏作用，才能采取有效的抗震措施。

参 考 文 献

［1］ 赵顺波，李晓克，严振瑞，等．环形高效预应力混凝土技术与工程应用［M］．北京：科学出版社，2008．

［2］ 赵顺波，江瑞俊．环形后张预应力混凝土技术及其工程应用与发展．见：世纪之交的预应力新技术［C］．北京：专利文献出版社，1998：774－780．

［3］ 赵顺波，江瑞俊、李树瑶．小浪底工程排沙洞无粘结预应力混凝土衬砌试验段实测分析［J］．水利水电技术，1999（9）：28－32．

［4］ 李晓克，赵顺波，江瑞俊．高效预应力混凝土压力管道试验与技术经济比较［J］．水力发电学报，2001，20（4）：34－43．

［5］ 李晓克，赵顺波，赵国藩．Prestressed concrete penstock with ring－like bonded strands：Test and analysis．In：Proceedings of the 7th International Symposium on Structural Engineering for Young Exports［C］．Science Press，China，August，2002：703－709．

［6］ 李晓克，严振瑞，赵顺波．浅埋式预应力混凝土压力管道结构设计与技术经济比较［J］．水利水电技术，2002，33（6）：20－25．

［7］ 李晓克，赵顺波，赵国藩．单环预应力作用下混凝土压力管道受力分析研究［J］．大连理工大学学报，2004，44（2）：277－283．

［8］ 李晓克，赵顺波，赵国藩．预应力混凝土压力管道设计方法［J］．工程力学，2004，21（6）：124－130．

［9］ 赵顺波，张学朋，李晓克．压力隧洞高效预应力混凝土衬砌的设计与应用［J］．华北水利水电学院学报（自然科学版），2008，29（1）：24－27．

［10］ 诸葛妃，赵顺波．浅埋有压水工隧洞无粘结预应力衬砌应力试验分析［J］．水利水电技术，2010，41（10）：41－44．

［11］ 赵顺波，李晓克，陈记豪．Tensile－anchorage bearing modes design of annular high－performance prestressed concrete structures．In：Modern Methods and Advances in Structural Engineering and Construction［C］．Proceedings of ISEC－6，June 21－26，2011，Zürich，Switzerland，969－974．

［12］ GB 50199—2013 水利水电工程结构可靠度设计统一标准［S］．北京：中国计划出版社，2013．

［13］ SL 279—2016 水工隧洞设计规范［S］．北京：中国水利水电出版社，2016．

［14］ JTG D70—2004 公路隧洞设计规范［S］．北京：人民交通出版社，2004．

［15］ SL/T 191—96 水工混凝土结构设计规范［S］．北京：中国水利水电出版社，1996．

［16］ SL 191—2008 水工混凝土结构设计规范［S］．北京：中国水利水电出版社，2009．

［17］ 赵顺波．混凝土结构设计原理（第2版）［M］．上海：同济大学出版社，2013．

［18］ GB 50010—2010 混凝土结构设计规范［S］．北京：中国建筑工业出版社，2010．

［19］ 任少辉，马斌．浅埋输水隧洞洞口段施工技术［J］．西北水电，2007（4）：52－54．

［20］ 徐则民，黄润秋，王士天．隧洞的埋深划分［J］．中国地质灾害与防治学报，2000，11（4）：5－10．

［21］ 赵占厂，谢永利．土质隧洞深浅埋界定方法研究［J］．中国工程科学，2005，7（10）：84－86．

［22］ 杨建宏，高新强，吴剑．隧洞衬砌厚度的分布规律和结构可靠性分析［J］．工程结构，2003，23（1）：27－29．

［23］ 计三有，刘德作．铁路隧洞围岩与衬砌相互作用有限元分析［J］．武汉理工大学学报（信息与管理工程版），2007，29（7）：74－76．

[24] 马亢，徐进，吴赛钢，等．公路隧洞局部塌方洞段的围岩稳定性评价 [J]．岩土力学，2009，30 (10)：2955－2960．

[25] 孙祥，杨子荣，赵忠英．大伙房水库输水隧洞地应力场特征 [J]．岩土工程技术，2005，19 (5)：264－267．

[26] 杨卫国，寇程，王晓民，等．某输水隧洞应力分布规律 [J]．辽宁工程技术大学学报，2006，25 (增刊)：160－161．

[27] 张登祥，苏忖安．醴陵市官庄水库输水隧洞结构安全分析及处理 [J]．长沙电力学院学报（自然科学版），2002，17 (4)：83－85．

[28] SL 203—97 水工建筑物抗震设计规范 [S]．北京：中国水利水电出版社，1997．

[29] GB 50011—2001 建筑抗震设计规范（2008 年局部修订）[S]．北京：中华人民共和国建设部，2008．

[30] 林皋．结构和地基相互作用体系的地震反应及抗震设计——中国地震工程研究进展 [M]．北京：地震出版社，1992．

[31] 林皋．地下结构抗震问题——第四届全国地震工程会议 [C]．哈尔滨：哈尔滨工业大学出版社，1994．

[32] 陈厚群．南水北调工程抗震安全性问题 [J]．中国水利水电科学研究院学报，2003，1 (1)：17－22．

[33] 刘志贵．影响地下结构地震响应的若干因素探讨 [J]．岩土工程界，2003，7 (2)：44－49．

[34] 王秀英，刘维宁，张弥．地下结构震害类型及机理研究 [J]．中国安全科学学报，2003，13 (11)：55－58．

[35] 李向辉．浅谈地下结构的抗震设计及 ANSYS 软件在其中的应用 [J]．岩土工程界，2004，7 (5)：55－57．

[36] 常虹，尹新生，尹春超．地下建筑结构抗震设计的几个问题 [J]．吉林建筑工程学院学报，2005，22 (1)：21－23．

[37] 曾德顺，章国忠，奚爱华．地震波入射角对地铁隧洞动力行为的影响 [J]．铁道工程学报，1998 (增刊)：430－433．

[38] 翟贺，李鹏程，李志明，等．地震行波作用下的埋地管线最大地震反应探讨 [J]．特种结构，2007，24 (3)：1－3．

[39] 沈世杰．城市轻轨地下隧洞结构抗震分析探讨 [J]．特种结构，2003，20 (3)：1－3．

[40] 居荣初，曾心传．弹性结构与液体的耦联振动理论 [M]．北京：地震出版社，1983：115－154．

[41] John C M S, Zaharah T F. A seismic design of underground structures [J]. Tunneling and Underground Space Technology, 1987 (21)：65－197．

[42] A Dermudez, R Rodriguez. Finite element computation of the vibration modes of a fluid－solid system [J]. Computer Methods in Applied Mechanics and Engineering, 1994 (119)：355－370．

[43] 吴一红，谢省宗．水工结构流固耦合动力特性分析 [J]．水利学报，1995 (1)：27－34．

[44] A Bermudez, R Duran, R Rodriguez. Finite dement solution of incompressible fluid structure vibration problems [J]. International Journal for Numerical Methods in Engineering, 1997 (40)：1435－1448．

[45] 李遇春，楼梦麟．排架式渡槽流——固耦合动力特性分析 [J]．水利学报，2000 (12)：31－37．

[46] 李正农，孟吉复．多槽体渡槽的自振特性分析 [J]．武汉大学学报（工学版），2001，34 (4)：11－16．

[47] 王博．大型渡槽结构地震反应分析理论与应用 [D]．上海：同济大学，2000．

[48] 刘云贺，俞茂宏，王克成．流体-固体瞬态动力耦合有限元分析研究 [J]．水利学报，2002 (2)：85－89．

［49］ 王超，李红云. 流固耦合系统地震响应分析的精细时程积分法［J］. 上海交通大学学报，2002
（3）：51－52.

［50］ 王博，陈淮，徐伟，等. 考虑槽身与槽内水体流固耦合的渡槽地震反应计算［J］. 水利水电科技
进展，2005，25（3）：5－7，50.

［51］ 徐建国，陈淮，王博. 考虑流固动力相互作用的大型渡槽地震响应研究［J］. 土木工程学报，
2005（8）：67－73.

［52］ 赵顺波，刘祖军，刘树玉. 上承式板拱渡槽结构动力性能分析研究［J］. 水利水电技术，2007
（10）：33－35，41.

［53］ 严松宏，梁波，高波. 地下结构纵向抗震动力可靠度分析［J］. 地下空间与工程学报，2005，24
（1）：71－76.

［54］ 吴冲. 细长地下结构地震响应分析［J］. 苏州城建环保学院学报，2001，14（2）：50－55.

［55］ 王明年，关宝树. 高烈度地震区地下结构减震原理研究［J］. 工程力学，2000（A03）：295－299.

［56］ 徐平，唐献富，夏唐代. 倒虹吸混凝土管道的地震反应分析［J］. 西北地震学报，2007（4）：
352－356.

［57］ 陈秋南. 隧洞工程［M］. 北京：机械工业出版社，2008.

［58］ 赵洋，李晓克，赵顺波. Seismic response analysis of concrete lining surrounded by heterogeneous
rock［C］. 12th International Conference on Inspection，Appraisal，Repairs & Maintenance of Struc-
tures，Yantai，China，23－25 April，2010，1535－1541.

［59］ 李晓克，赵洋，赵顺波. Seismic response analysis of shallow water tunnel with concrete lining［C］.
Proceedings of the International Conference on Earthquake Engineering － the 1st Anniversary of
Wenchuan Earthquake. Southwest Jiaotong University Press，Chengdu，China，May10－12，2009：
595－599.

［60］ 李晓克，王慧，李长永，等. 大型倒虹吸预应力混凝土结构设计分析［M］. 北京：中国水利水电
出版社，2017.